農村で楽しもう

林 美香子

はじめに

少子高齢の成熟社会を迎え、新しい地域づくりの在り方が問われています。急激な都市化や工業化、縦割り行政の影響などもあり、農村と都市の地域政策を個別に考えることが多かった日本ですが、地域活性化のためには、農村と都市をトータルに捉える「農都共生」、すなわち農村と都市の共生が大切と考えています。

都会の人が農家民宿、農家レストラン、農業体験などでグリーンツーリズム（農村地帯で過ごす休暇）を楽しみ、農家が都会で農産直売所を運営するなどの活動を通して、交流や連携を重ね、農村と都市の相互理解を深めていくことが農都共生の推進につながり、農村と都市双方の地域づくりに力を発揮するのです。

都市住民のライフスタイルが変化し、「物質的豊かさ」より「心の豊かさ」を重視する人や、レジャー、余暇に生活の力点を置く人が増え、農業・農村への関心が高まっている今こそ、農都共生を推進する絶好のチャンスです。都市側には、楽しみや心の豊かさなどの恩恵があり、農村側には、生きがいや副収入をもたらすなど、双方への効果があります。

農都共生活動による「情報の循環」「人材の循環」「経済の循環」が、農村・都市の双方に活力をもたらし、地域の持続可能性につながっていくと信じています。

農都共生をテーマにした地域活性化を、慶應義塾大学大学院システムデザインマネジメント（SDM）研究科で研究し、農都共生研究会で実践活動を行っています。

横浜市日吉にある慶應義塾大学SDM研究科では、2008年の開学から、特任教授として農林中央金庫寄付講座「農都共生ラボ」（アグリゼミ）を担当し、2017年で10年目を迎えました。

札幌在住のため、月に一、二度、日吉に出かけ、毎年10人ほどの学生たちとゼミを開催しています。また、実際に農村に足を運ぶことがとても重要であると感じ、実践しています。都会育ちの学生たちが、美しい農村風景の中で、それぞれの土地ならではの農業や農村文化に触れ、感激している姿を見るのは、教育担当者としてとてもうれしいものです。

農都共生研究会が開催している、東京、横浜、札幌のフォーラムでは、参加者のみなさんから、「もっと農村に出かけたい」「農村で楽しみたい」「そのための情報がもっと欲しい」という話もいただきました。そこで、多くの方に、日本各地の美しい農村に出かけていただきたい、農村で楽しんでいただきたいと、本書『農村で楽しもう』を出版しました。ひとりでも多くの方に、美しい農村風景の中で、素晴らしい時間を過ごしていただきたいと願っています。

2017年12月

林 美香子

農村で楽しもう ◇ 目次

麦音

巻頭対談

仕掛けが必要だ

JTB総合研究所 篠崎宏

×

農都共生研究会代表 林美香子

農村・地方を楽しむには

民泊振興で長期滞在が増える⁉

林　私は、農村と都市の共生によって経済、人、情報の循環を目指す「農都共生」をテーマに活動を続けてきました。農都共生を実践するうえで、グリーンツーリズム（農山漁村滞在型余暇活動）、あるいはアグリツーリズムは非常に有力なツールだと感じています。

ところが、旅行先に田舎を選び、農村ステイを楽しむことが当たり前のヨーロッパと比べて、日本の場合はツーリズムの認識が違っているように思います。旅行産業に長年関わってこられた篠崎さんとしては、日本のツーリズムがどのように変わっていくとお考えでしょうか。

篠崎　おそらくここ数年で、従来のグリーンツーリズムは大きく変わるでしょう。きっかけは民泊です。

日本で民泊という言葉は、2000年代以前にはあまり馴染みがなかったのではないでしょうか。先ほどのお話のように、ヨーロッパでは休暇を農村で過ごす習慣が根づいていて、一般の農家などに泊まる民泊が普通に行われてきました。これが2000年代後半になると、ネットを介して空き物件とユーザーとを結ぶビジネスモデルが生まれ、「Airbnb」（エアビーアンドビー：ビーアンドビー＝宿泊（bed）と朝食（breakfast）を提供する簡易タイプの宿のこと）に代表される民泊情報サイトが大変な人気となりました。

一方、日本では、農村休暇法（１９９５年）に基づく「農林漁業体験民宿」（通称：農家民宿）や、農山漁村生活体験学習を目的とした「農家民泊」（農家等民泊）を指して民泊と呼ぶこともありましたが、話題が広まったのは２０１０年に入ってからでしょう。２０１３年頃よりインバウンド（訪日外国人旅行者）の数が急増し、また、２０２０年の東京オリンピックを控えて、首都圏中心に宿泊施設が圧倒的に足りなくなると騒がれました。このあたりから、民泊への関心が高まってきたように思います。

あらためて民泊とは、法令上の定義はありませんが、厚生労働省によると「住宅（戸建住宅、共同住宅等）の全部又は一部を活用して宿泊サービスを提供することを指して民泊サービスという」そうです。ただし、「宿泊料を受けて人を宿泊させる営業」に当たる場合、旅館業法の適用を受けることになる。この旅館業法がよくも悪くも、日本のツーリズムに大きく影響してきたわけです。

しかし、観光立国を旗印に掲げてきた中で、現実的に宿泊施設が足りないとなると、何

篠崎宏（しのざき・ひろし）

JTB総合研究所 執行役員 主席研究員。地域戦略、地域ビジネスモデル構築、マーケティング調査、食・農業に関するモデル構築、長期滞在・移住ビジネスに関するモデル構築なども多く手がけている。知的財産の地域活性化での活用について研究を進めている。

＜主なプロジェクト実績＞

・平成28年度離島調査（行政団体／2016年）
・闘牛文化リマスタープロジェクト（行政団体／2016年）
・東三河ブランドショップ実証実験業務（行政団体／2016年）
・多文化共生の魅力あるまちづくり推進事業（行政団体／2016年）
・山陰広域ルートDMO業務（行政団体／2015年）

とかして対応しなければならなくなってきた。こうして、①宿泊客数や客室面積に応じて条件を緩める、フロント設置を不要とするなどの旅館業法の規制緩和、②国家戦略特区での民泊、③民泊新法制定、といった対応策がとられるようになりました。

このように民泊振興のための法整備が進むと、農村での滞在もハードルが低くなってきます。先述した農山漁村生活体験学習を目的とした農家民泊の場合、非営利が基本ですから宿泊料は徴収できず、その代わり、料理を一緒に作ったり一緒に農業体験をしたりするメニューを設け、その材料代とか体験指導料という形でお金をもらっていたのです。つまり、利用に当たっては何らかの農業的な体験をしなければならないのです。

しかし、最初から濃い人間関係になるのが苦手な人にとっては、煩わしいと感じることもあるかと思います。そこで、民泊の「家主不在型」のスタイルが進めば、○○体験する必要もなく、単純に農村ステイを楽しむことが可能になります。

もう1つ、民泊の規制緩和により、滞在の長期化が進むのではないかと考えています。「日本で長期滞在が定着しないのは休みが取れないから」とよく言われます。実は、原因は休みがとれないことにあるのではなく、「1泊料金×人数×宿泊数」という宿泊費の設定が大きいのではないかと考えます。たとえば、1泊1万円でも4人家族で行くと4万円、これで10日間も泊まれば40万円にもなりますから、それなら海外旅行にしよう、となってしまう。その点で民泊などの手頃な料金になれば、農家に1週間滞在なんてことも増えてくるのではないでしょうか。

林　海外旅行については、円高の影響を受けて1980年代後半からブームとなりましたが、2010年代に入ると円安や海外情勢の不安から、かつてほどの関心は薄れてきたように思います。ではその分、国内旅行は増えたのでしょうか。

篠崎　2017年の「観光白書」によると、国民1人当たりの国内宿泊観光旅行について、回数は1・39回、宿泊数は2・28日だそうです。ここ十数年の宿泊数で見ると、多い年で2006年の2・74、少ない年で2011年の2・08ですから、停滞といっていいのではないでしょうか。日帰り旅行が増えているというデータもありますが、宿泊旅行と比べて落ちるお金が少なくなりますから、旅行業界の市場を押し上げるまでには至りません。

長期的な視点からは、人口減少とマーケット縮小が原因のように騒がれていますが、どうも言い訳にすぎないように思います。たとえば、地方の商店街がどうして〝シャッター通り〟になったかというと、理由は人口減少というよりも、消費のチャネルが変わったからではないでしょうか。以前は人の行動範囲も狭かったし自動車の台数も少なかった。ところが自動車が増え道路が整備されると、近郊の大型スーパーマーケットに人が集まるようになる。さらに、ネット販売が増えてきて、スーパーマーケットが苦戦するようになった。このように消費行動が変わっていったために、かつては繁華街だった地方の商店街が取り残されたのであって、消費自体が減ったわけではありません。

したがって、国内旅行も今の消費行動にキャッチアップできれば、まだ伸びる可能性があると思います。その有力手段の1つが、民泊農泊による長期滞在です。Airbnbなどの海外のウェブサイトも日本にどんどん進出してきています。人口が1億2000万人もあって所得の高い国ですから、海外から見れば魅力的なマーケットなのです。

林　日本人は、温泉旅行は好きかもしれませんが、長期滞在とかツーリズムには慣れていないように思います。あらためて、ツーリズムの楽しさとは何でしょうか。

篠崎　よく言われるように「旅先で人と触れ合う」という楽しみがあります。それと同時に、家族とか友人とかの同行者との関係改善も、期待が大きいのではないかと思います。普段はバラバラの生活をしている家族が、一緒に行動し、一緒に食事の選択をして、寝起きを共にする。そういった〝非日常〟が数日間及ぶことで、家族の関係がより深いものになるとすれば、ツーリズムの意義は大きいですね。

農村景観が地域のブランド力になる

林　2014年1月に、農林水産省と観光庁が共同して「農観連携」、つまり、農山漁村の魅力と観光需要を結びつける取組みをしていくと発表されました。

篠崎　私は2010年度から3年間、農林水産省の政策審議員をしていました。従来の農水省では生産者保護の立場でものを考えていましたが、ちょうど、和食のユネスコ世界遺産登録への働きかけをしたあたりから、消費者を意識するように変わってきました。農観連携についてはいい取組みだと思いますが、農山漁村とのネットワークを生かしつつ、今度は観光サイドでの訴求力という点で、もう少し踏み込んでみてもいいと思います。

先日、北海道と四国の旅行パンフレットの写真を比べてみたことがありました。北海道は農業景観が16あったのに対し、四国はゼロです。たとえば、愛媛県ではミカンの産地を積極的に宣伝しているのに、ミカン畑の写真はありませんでした。

実は、農業景観と旅行パンフレットというのは非常に相性がよいのです。北海道の美瑛で作られる小麦はけっこうな値段で売られていますが、これは北海道の旅行パンフレット

◀北海道美瑛の小麦畑

（写真：PIXTA）

に必ずといっていいほど、美瑛の景観が登場することに原因があると思います。消費者は「こんなにいい景色なのだから、きっといい小麦なのだろう」と思って、高くても買うのでしょう。農山漁村の景観資源をもっと観光に使えば、相乗効果が生まれると思います。

林　美瑛でも2000年頃までは、観光客の落とすゴミが問題になって、観光に消極的だったようですが、その後、若い世代中心に「観光に来てもらえるのであれば、美瑛の素晴らしさをきちんと知ってほしい」という発想に変わり、それがJA美瑛に伝わって、直売所やオーベルジュ（主に郊外や地方にある宿泊設備を備えたレストラン）ができていきました。北海道ではほかにも、景観プラス飲食や宿泊といった農観連携がうまくいっている場所がありますが、他の地域はどうでしょう。

篠崎　これまでも農家は当然ながら消費者を意識してきましたが、消費者の先に観光客がいるという発想になったのは意義深いことです。わざわざ来てくれたことを評価するという気持ちが大切ですね。

北海道は別格にしても、関東にも農業の強い地域はあります。しかし、農業景観をウリにしているところはあまりありません。また、農業と何かの連携というのも薄い。そば打ち体験のようなものはあっても、日帰りイベントに留まっていたりしますし、そもそも観光客が来る仕組みができていないことが多いのです。ましてや、ツーリズムの発想はほとんどないのではないでしょうか。

　こんにゃくの生産量日本一を誇る群馬県昭和村は、北海道を思わせるような広大な畑の向こうに利根川・片品川の造る河岸段丘とか谷川連峰とかがあって、とても景色のいい場所です。さらに、茅葺の民家があってそこに人が住んでいるのです。こんにゃく＋景観＋民家のセットで訴求すれば、間違いなく観光の滞在時間は延びると思うのですが、それを実現するための仕組みや地域コンセンサスについては、もう少しやり方があると思います。

林　ＪＲ九州には「ななつ星」をはじめとする魅力的な観光列車が数多くあります。ＪＲ九州は、農業を九州の基幹産業と位置づけ、２０１０年に農業に参入しているのです。沿線の美しい農業景観を大切にしているから、観光列車も人気が高いのでしょうね。

「農観連携」の農家側からすると、一発屋的なブームで終わるのではないかとか、都会の人に荒らしてほしくないとかの意識もあるのではないでしょうか。「一時期は栄えたのに今はもう……」という場所は日本各地にたくさんあります。壊すにもお金がかかりますから、そのままになっていたりして。非常に物悲しい光景ですね。持続可能なツーリズムにするにはどうしたらいいのでしょうか。

篠崎　持続可能にするためには、消費者の動向をきちんと見ていなければなりません。たとえば、外国人旅行客に関して、団体はマナーが悪いので個人客を呼びたいという人もいるかと思います。個人客の場合、旅行会社の窓口で申し込むというケースはあまりなくて、ネットで申し込むほうが多い。今、グローバルな旅行サイトが増えてきており、そのサイトに登録されていなければ、個人客は呼びにくいことになります。しかし、小規模の宿泊側の対応は、せいぜい自社サイトを英語にするだけ。これでは、一個人が数多くある宿泊施設から、そこを選ぶとは考えにくいですね。ちなみに、団体の場合は、旅行会社のサイトに載せるだけではダメで、旅行会社にも働きかけなくてはなりません。

その次に、日本がかつてそうだったように、アジアの旅行者も団体から個人へという流れにあります。また、世界各国に共通してSNSの影響が大きくなっています。これに気づけば、個人客がSNSにアップするように写真を撮りたくなるような仕掛けをつくる、という発想に行きつきます。私がよく行く北海道奥尻島の「御宿きくち」という宿では、玄関に大きな熊のぬいぐるみがあって、宿泊客はたいてい帰るときに、そこでおかみさんと一緒に記念撮影をする。これがSNSで方々に流れていくわけです。

林　SNSといえば、料理の写真もよく見かけますね。

昭和村のこんにゃく畑と谷川連峰▶

篠崎　御宿きくちでは海産物は当たり前ですが、２種類の味噌を塗ったピザも有名です。でも、料理は変わっていればいいというものではなく、味も質も重要。これを落としたら持続はできません。

農村景観＋地産地消が人を集める

林　ここからは具体的なグリーンツーリズムの事例を紹介していきます。まず私から。

先ほど農村景観で「北海道は別格」とのお話でしたが、北海道の代表的な農村景観として牧場風景が挙げられると思います。

今人気のニセコ町にある「髙橋牧場・ミルク工房」（事例①）は、代々〝酪農一本〟で経営してきましたが、１９９０年代半ばからアイスクリームやヨーグルトの生産加工を手掛け、今ではレストランやカフェ、販売店を含めた「ミルク工房」という観光スポットに発展しました。ミルク工房では、牧場と乳製品やケーキ、それに牧場の景色と背景の羊蹄山がそれぞれ相乗効果をなして、人気を呼んでいるのだと思います。

根室市の「伊藤牧場」（事例⑥）の取組みも注目されています。根室地域自体、人より牛

（写真下提供：伊藤畜産）

▲髙橋牧場・ミルク工房

伊藤牧場▼

のほうが多いという酪農王国なのですが、伊藤牧場を含めた5つの牧場を40㎞におよぶフットパスが通っています。フットパスというのは風景を楽しみながら歩く道のこと。都会の人に酪農の姿を知ってほしいという気持ちからつくったそうです。

日本の酪農というのは、牛乳の生産調整とか貿易自由化など数々の問題があって、就労人口が減りつつありますが、いろいろと工夫して酪農や農村の魅力をアピールしている点が特徴ですね。

篠崎　酪農というと「生き物相手だから365日、朝から晩まで休めない」「夫婦じゃないとできない」という昔ながらのイメージがつきまといますが、今のメガファームだと、牛が自ら搾乳機のところにやってきて、センサーが乳房を認識して自動的に搾乳し、首輪のセンサーから搾乳の時間・量がわかる、なんてこともできるようです。周りのことを少しずつ研究したり、都会のニーズを取り入れることが大切かもしれません。

地域のものを売り出すヒントとしてオススメの場所が新千歳空港の売店です。味や商品力は必要ですが、見せ方もよくないと売れません。その点、北海道のいい商品、いいデザインの集まる新千歳空港で、半日くらいじっくりかけて見学すれば参考になります。

林　田舎にありながら都会の人のニーズをつかむという点では、「マッカリーナ」（事例

②）が好例です。先ほどのニセコ髙橋牧場は羊蹄山の西麓に当たりますが、南麓の真狩村《まっかりむら》にあるのが、札幌の三ツ星レストランのオーナーシェフがプロデュースしたオーベルジュ「マッカリーナ」です。店ができる以前、真狩村は細川たかしさんの出身地ということ以外に何の話題もなく、「こんな田舎にフレンチレストランをつくって、一体誰が来るのか」と言われたそうです。しかし、オープン早々大人気で、２００８年の洞爺湖サミットでは、ファーストレディたちの昼食会が開かれました。

篠崎　蕎麦屋のように、おいしい食べ物を半日もかけて食べにくるというトレンドはずいぶん大きくなってきました。ただ、料理によって違うようで、ラーメン屋はなぜか都市部に集中していて、遠くから食べにくるというケースはそれほど多くないように思います。

林　髙橋牧場、伊藤牧場、マッカリーナの食べ物で共通しているのは地産地消ということ。ラーメンの場合、麺の材料である小麦の産地で店を構える、なんてことは難しいからかもしれません。

ところで、小麦の産地といえば北海道の十勝地方が代表的で、国産小麦の4分の1を生産しています。しかし、その十勝地方でさえ、パンに使われる小麦の生産はごくわずか。日本の1世帯当たりの食費では、米よりもパンにかけるお金のほうが多いといわれるのに、

▲マッカリーナ

満寿屋・麦音▼

日本のパンに使われる小麦は99％が北米産なのです。そんな状況にあって「なぜ1万キロも離れた場所の小麦を使わなければならないのか」と疑問に感じ、十勝産小麦100％のパン作りを実現したのが、帯広の老舗パン屋である「満寿屋商店」（事例③）です。

もう1つ、地産地消に関係して、沖縄の「あいあいファーム」（事例⑤）を挙げたいと思います。那覇市中心に展開する居酒屋チェーンの経営者が、新事業として自然食レストランを展開、材料の有機野菜を栽培するために、農業に進出しました。その後、今帰仁村《なきじんそん》の廃校跡に、地元食材を使った食事や加工品を提供し、体験学習も受け入れるグリーンツーリズム施設を開設しました。ここでは100人ほど宿泊でき、長期滞在も可能です。

篠崎　沖縄は私も闘牛関係でずいぶん出かけていますが、その話は後ほどしましょう。あいあいファームに似た農業公園の例として、長野県上田市の「信州せいしゅん村」があります。上田は真田家ゆかりの地として近年人気ですが、信州せいしゅん村があるのはかつての武石村（2006年、上田市と合併）で、人口は4000人、これといった観光地や名産品もない山間の寒村でした。

1998年に地元の小林一郎さんが、情報交換・勉強会として始めた「のうのう会」というのが端緒で、2000年に都市農村交流や交流農園の活動をする「信州せいしゅん村」

を名乗るようになり、２００９年に農業生産法人となりました。
特徴は、毎年のように新しいチャレンジを続けていること。農村生活体験「ほっとステイ」や、ウォーキングとゲームを組み合わせた「観郷ウォーク」のほか、トマト栽培、「里の駅」経営、蕎麦焼酎づくり、農村セラピー、日帰り温泉経営など、実にいろんな事業を手掛けており、ディズニーランドのように、行くたびに新しいアトラクションがあるという感じです。また、これもディズニーランドのように、メンバーの一人ひとりがキャストやホストとなって訪問客をもてなしていることも特徴です。

林　「農業体験」ではなくて「農村生活体験」というのがユニークですね。野菜・果物といった収穫物を売りにするのではなく、自然を含めた農村環境を楽しもうということですから、中高年や外国人に受けるのもうなずけます。
私の知る例では、愛媛県内子町は明治期の商家と、歌舞伎や文楽などが開かれる「内子座」など、古い建物が残されている人気観光スポットですが、そこの農家民宿「ファーム・インＲＡＵＭ古久里来《こくりこ》」（事例④）は、うたた寝するのも立派な農村体験、との考えです。もちろん、農家民宿ですから体験メニューは用意していますが、地域の文化も知ることも体験だと言います。内子というブランドも大きく関係しているかもしれません。

（写真下提供：ファーム・イン RAUM 古久里来）

▲あいあいファーム

ファーム・イン RAUM 古久里来▼

ブランド+リアル体験が人を集める

篠崎　町のブランドづくりについて、今度は私の事例を紹介しましょう。

宮崎県南部に旧南郷町があります（2009年に日南市に合併）。歴史もあって、江戸初期の一国一城令まで使われていた南郷城や、悲しい歴史だと、太平洋戦争末期の人間魚雷・回天の記念碑があります。漁業と農業が盛んで、かんきつ類やマンゴーなどが有名ですが、近年、町が力を入れているのがカツオによるブランドづくりです。

カツオの漁法には巻網漁と一本釣り漁があって、南郷町は一本釣りの部門で漁獲量日本一なのです。ちなみに、近海のマグロはえ縄漁の水揚げでも第2位です。カツオ漁獲量全体では静岡県（焼津市）がトップなのですが、南郷町は特に近海の一本釣りが盛んです。つまり、それだけ豊かな漁場ということですね。大きな網で囲い込む巻網漁だと、カツオが傷ついたり死んでしまったりすることもあり、一本釣りだと漁師が一匹一匹釣り上げるので、状態が良く鮮度が保てるそうです。

そこで、町が漁師を誘い込んで町おこしをしようとしたけど、漁師というもの、観光客が来るのをあまり歓迎しないし、そもそも市場に出荷した後は興味がなかった。そこで商工会が「一本釣りブランドで売り出せば、せりの単価が上がります」ともちかけ、漁師は「収入が上がるのなら協力しよう」と納得して始まったそうです。町内に大漁旗や一本釣りの竿、シャモと呼ばれる疑似針などを展示する「カツオギャラリー」が20か所、それも飲食店やホテルのほか、駅、金融機関、ガソリンスタンドにも設けられています。

さらにユニークなのがカツオ船の公開です。一本釣り漁は、2月に近海から沖縄方面に出て、それ以降は黒潮とともに北上し、春は房総沖、夏から秋にかけて三陸沖に向かい、11月に宮城県の気仙沼まで行って終了となります。12月、1月はお休みで、船は地元で停泊、これを公開したというわけです。昭和30年頃の船は木造で20～50トンクラスでしたが、今では200トンとなり、一隻製造するのに8億円くらいかかります。設備も立派で、毎日入れる風呂もあれば、寝る場所もカプセルホテルみたいに一人ひとり決まっています。

当初、私は「船内に関心を持つのは、きっとマニアだろう。あるいは子連れ家族」と予想していたのですが、年配の女性がかなり多くいたことに驚かされました。実は、彼女らの多くは漁師の家族や関係者。船の神というのは女性なので、ほかの女性が乗ると悋気を起こすといって、これまで女性は船に乗せてくれませんでした。ですから、「うちの亭主

平成29年度
小規模事業者地域力活用新事業全国展開支援事業

南郷町かつお一本釣り文化テキスト

2017年10月
南郷町商工会（監修：鬼束俊六）
写真（一部）提供：宮崎日日新聞社

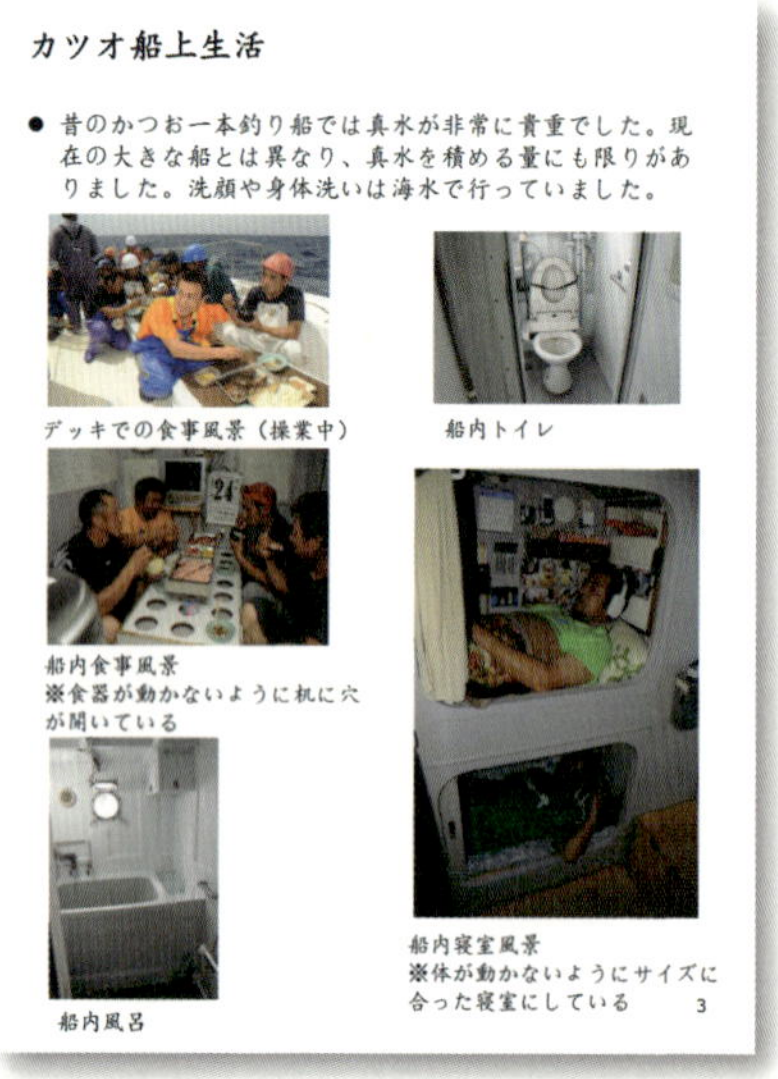
カツオ船上生活

● 昔のかつお一本釣り船では真水が非常に貴重でした。現在の大きな船とは異なり、真水を積める量にも限りがありました。洗顔や身体洗いは海水で行っていました。

デッキでの食事風景（操業中）

船内トイレ

船内食事風景
※食器が動かないように机に穴が開いている

船内寝室風景
※体が動かないようにサイズに合った寝室にしている

船内風呂

3

▲南郷町商工会作成「かつお一本釣り文化テキスト」

「かつお一本釣りナイト」での漁師らによるトークショー（東京・丸の内）▼

がどんなところで仕事をしているのか見てみたい」という理由で見学に来るのだそうです。

林　意外なところにニーズがあるものですね。それに、男性にとって漁師の仕事というは魅力的に映るのでしょうね。北海道の礼文島は良質なコンブの産地ですが、夏場のコンブ漁のアルバイトには、札幌あたりのリタイア組、それも腕力自慢のナイスミドルたちが集まるそうです。おいしいものを食べられるワーキングホリデー的な感覚で。

篠崎　三ヶ日みかんのブランドで有名な静岡県浜松市の三ヶ日地区では、みかんの収穫に当たり、どうしても人の手でやらないとうまくいかないそうで、かつては、隣の愛知県豊橋市から「切子」を集めていました。豊橋市は柿の産地で、お互い収穫時には手伝いに行くという関係があったのです。

しかし、農家の高齢化が進み、人手が足りなくなると、一般人に頼らざるを得なくなる。こうして切子を募集したところ、大勢の人が来てくれました。参加者は、しゃべりながら仕事をするのが楽しいし、3キロくらいみかんをもらえますから満足です。ただ、作業は数日かかりますから、民泊の法整備が整えば農家以外にも宿泊でき、もっと収穫体験ツアーが盛んになるかもしれません。

テーマの絞り込み＋「熱い語り」が人を集める

林　篠崎さんは日本のありとあらゆる地域活動や町おこしを見てきたかと思います。なかでも沖縄の闘牛については熱く語られます。何に惹きつけられるのでしょうか。

篠崎　沖縄にはたくさんの観光客が押し寄せますが、闘牛をやっていることを知っている人は少ないのではないでしょうか。沖縄だけでなく、かつて日本には、農作業の合間の娯楽として牛同士を闘わせる農村文化がありました。それがだんだんと農村の姿が変わる中で衰退し、現在では全国で7か所くらいしか闘牛が行われていません。沖縄の場合、闘牛だけがスピンアウトして大衆文化「ウシオーラセー」として残ったのです。

私が闘牛に関心を持ったのは、２０１３年、うるま市の町おこしで招待を受けたときでした。ＰＲできそうな場所をいろいろと回ってくれたのですが、どれもピンと来ず、最後に牛舎を案内されました。牛舎といっても闘牛用ですから数頭しかいない。およそ闘牛用の牛というのは、３歳くらいで買ってきて5歳くらいでデビューさせます。その間、練習をさせながら育てるのですから、大変にかわいがっているのです。「だったら、これを町

▲沖縄の闘牛「ウシオーラセー」

のウリにすればいいではないですか」となって、うるま市も闘牛を観光の目玉に据えたのでした。

2014年から「闘牛文化リマスタープロジェクト」という観光事業が動きだし、2017年2月には東京丸の内のKITTE地下1階広場で「うるま闘牛ナイト」というイベントが開かれました。実は、闘牛ナイトの催しの中に、これからの集客手段を考えるうえで、非常に新しい発見があったのです。それが「語り」です。

闘牛関係者なら誰もが、闘牛について語らせたら止まりません。そこで私は、関係者7、8人を集め、ひたすら闘牛について語ってもらうことにしたのです。彼らにとって、東京のど真ん中で、自分たちが勝手にしゃべって大丈夫かと思ったに違いありません。もちろん、沖縄弁丸出し。おそらく聞いていた人は半分も内容を理解できなかったかもしれません。でも、熱い想いというのは伝わるのですね。みなさん、真剣に聞いているし、しっかり反応しているのです。この語りを聞いて、2週間後に沖縄で行われた闘牛大会に行ったという人もいました。

もう1つ、面白いデータがあります。このKITTE会場で私は何回かイベントを企画したことがあって、ここは東京駅の京葉線側と丸の内側を結ぶ地下通路上にありますから、通行人にとって非常に目立つ場所です。通常、来場者の8割が通りがかりの人なのですが、闘牛ナイトで来場者を集計したら、家族・友人知人の紹介が4割、通りがかりが3割、SNSで知った人が1割強でした。つまり、テーマを明確にすることが集客につながるということなのです。

林　SNSなどでのデジタルのコミュニケーションではなく、本物の語りですからインパクトが違いますね。農業物産展でモノを売る場合でも、実際に作っている農家が話をして売る場合は客の反応がよく、売行きも違います。

篠崎　たとえば、ジャガイモだけに絞って、ジャガイモ農家数人で語り合う、なんてイベントは受けるのではないでしょうか。ちなみに闘牛ナイトの成功を受け、前述の宮崎県旧南郷町に関して、2017年10月に「かつお一本釣りナイト」を開催し、地元の漁師ほかのみなさんに大いに語ってもらいました。

林　ほかにも農家などの第一次産業従事者が関係したイベントで、篠崎さんが注目するものはありますか。

篠崎　北海道の奥尻島では、2014年から「ムーンライトマラソン」を開催しています。沖縄の伊平屋島が元祖といわれており、夕方から夜にかけて島内を走るというイベントです。原生林の残る自然の中を走るわけで、暗いところは投光器が用意されますが、最後の海沿いを走る部分は、いか釣り船に近くに寄せてもらって、その漁火の下を走るのです。さらに大漁旗を振って応援してくれるので、感動して泣き出す人もいます。

もう1つ、島根県雲南市に「吉田ふるさと村」という会社があります。6町村合併前の1985年に旧吉田村と地域住民の出資で作った会社で、今では農産物の加工販売ほかカフェや宿泊施設、バスの運行など、いろいろなことをやっていますが、初期の経営が厳しかったころに、収益で最も貢献したのが、餅つきだそうです。吉田村の米を使って、2人1組で松江市ほかに実演販売に出張し、飛ぶように売れたといいます。

林　私たち日本人にとって、餅つきは小さい頃の懐かしい記憶として刷り込まれているのではないでしょうか。また、おもちは日本人なら誰もが好きですから、訴求力が強いのでしょう。北海道清水町の「森田農園」では小豆を主に生産していて、どうしたら小豆の本当のおいしさを知ってもらえるかを考えた末に、おしるこのワークショップにたどり着いたそうです。

闘牛から始まった話ですが、日本人の原風景、原体験に訴えるイベントは効果があるかもしれませんね。

個人に向けてアンテナを常に張っておく

林　ふるさとを懐かしむという意味では、東京には各地のアンテナショップが集まっています。しかし、その多くが、地元のうまいものをただ並べているだけで、あまり工夫がないように思いますが。

篠崎　いいアンテナショップは次第に〝ブランドショップ〟に変わりつつあります。モノを並べて観光パンフレットを置いてあるのがアンテナショップ。これに対して、地域のブランドを高めていくのがブランドショップ。だから、やることが多様で細かい。

２０１６年のプロ野球では広島が25年振りに優勝し、優勝直後、銀座にある広島のアンテナショップでは、入るのに1時間もかかりました。いろんなイベントやファン交流会をやっていたからです。一方、パ・リーグでは北海道日本ハムファイターズが優勝しましたが、北海道のアンテナショップでは何もやっていませんでした。広島では「カープ女子が店舗ジャック」なんてことがしょっちゅうあるのですが。

林　アンテナショップで一番人気のあるのが北海道で、その次は沖縄でしょうか。北海道も単に物を売っているだけでは、抜かれるかもしれません。

篠崎　広島といえば10年前までは、お好み焼きと「もみじまんじゅう」くらいしか目玉がなかったけど、今ではレモンですね。アンテナショップでも一番いい場所にレモン商品を置くなどして、ブランドづくりに貢献したと思います。

林　アンテナショップ自ら、いろいろな仕掛けが必要ということですか。

篠崎　アンテナショップの経営について提案があります。入ってすぐのチャレンジコーナーは、店長権限で様々なことができるようにしなければならない。商品陳列だけでなく、コミュニティの場とか体験スペースとか。そして、店長が店の実権を持ち、プロデュースしていかないと生き残れないと思います。

林　モノ商品からコト商品へ、といわれるように体験の価値はますます大きくなってきています。今、SNSによって個人の発する情報が大変な影響力を持つようになりましたから、たとえば、地元の観光協会が考えることと個人のニーズとはかけ離れていることもあるでしょう。そのあたり、アンテナショップというくらいですから、個人に対して常にアンテナを張っていてほしいですね。

篠崎　今やってみたいことがあって、全国のシャッター通りと呼ばれるところを、民泊施設に変えてみたいと考えています。それも普通の民泊ではなく、利用者側が店舗を使って自分の製作物や作品、特技、写真などをアピールする施設です。通常は、迎える側が民芸品や技能を披露するのですが、その逆パターン。地元で考えているとアイデアが煮詰まってしまう。だったら、訪問者にアイデアを出してもらおうというわけです。

林　若い人の間では、自ら何かをアピールしたいという欲求が大きくなっていますから、面白いアイデアが出てくるかもしれませんね。外国人にとっても同様です。農家だから、田舎だから、農業や田舎なりの産物や技術を提供しなければならないということではないと思います。農村と都会の〝交流〟を基本とすれば、農村において都会の人からの提案があってもいいですね。ちょうど、東京のど真ん中に沖縄弁が乗り込んできたのと反対に。

篠崎　食べるもの、見るもの、そのものよりも、自分が生きている実感、あるいは本当に楽しいと感じられることを味わいたいのです。

林　日本人は高度経済成長のあと、すぐに高齢化社会に突入してしまったため、定年後どうしたらいいか悩む人が多いと思います。カルチャースクールしか思い浮かばない人にとって、その後の豊かな人生を楽しむ場所として、農村が選択肢に上がるようになればいいなと思います。まさに「農村で楽しもう」を実践してほしいと願っています。

事例①／６次産業化・農村景観

製造・販売に展開

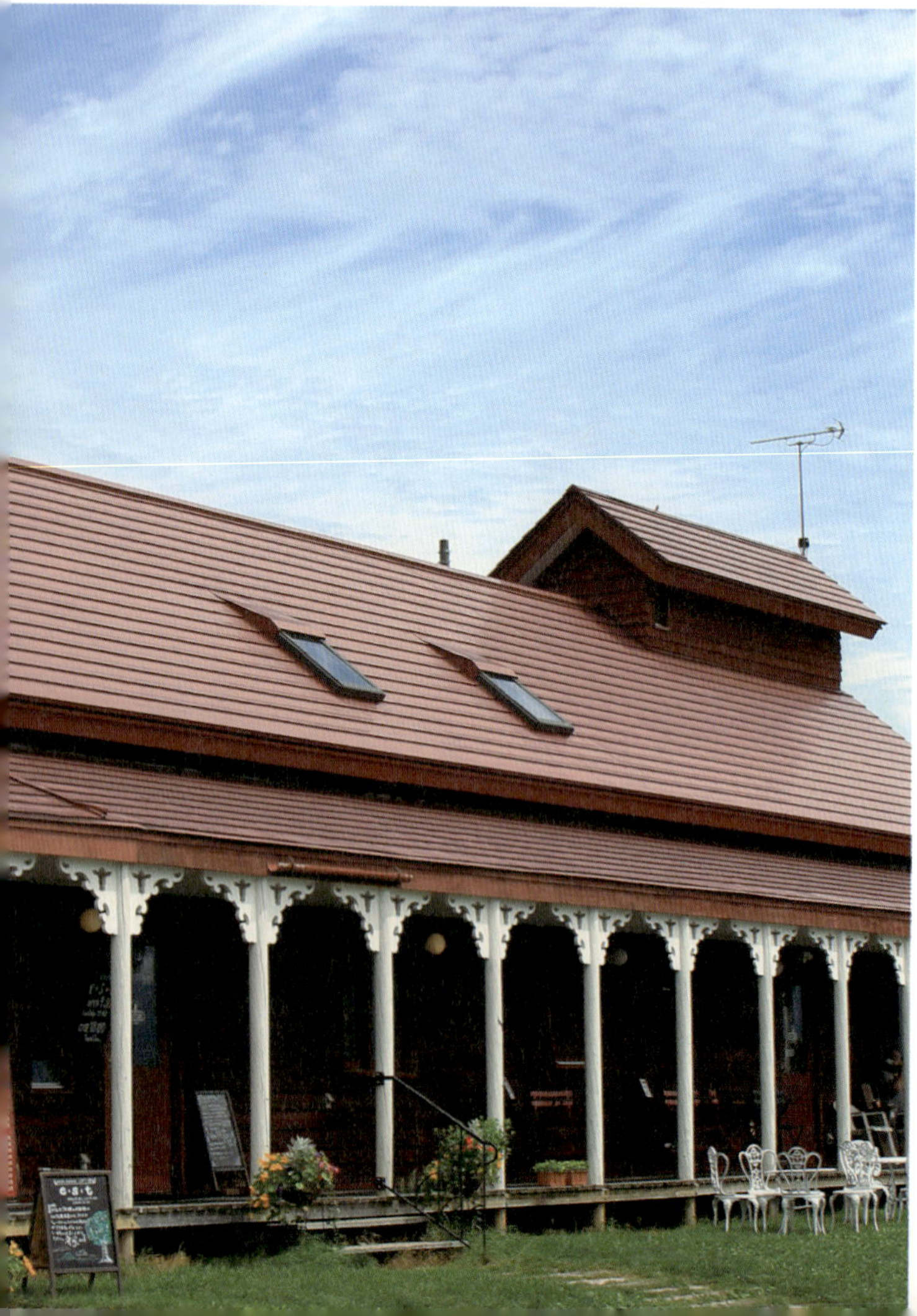

北海道ニセコ町

髙橋牧場・ミルク工房

酪農一本から生産・

札幌の西100キロほどにあるニセコ町。均整のとれた山容から「蝦夷富士」と呼ばれる羊蹄山の西麓と、「日本のサンモリッツ」とも呼ばれたスキーのメッカ、ニセコアンヌプリの南麓に位置する。スキーブームの終焉とともにニセコも一時期、かつての賑わいを失いかけたが、2000年頃からオーストラリアをはじめとする海外から注目されるようになり人気が復活、不動産までも高騰した。以降、北海道では珍しい人口増加の自治体となっている。

そのニセコ町で、昭和初期より牧場を営んできたのが高橋牧場だ。1972年、髙橋守さんが父親から経営を継承し、酪農業に一本化、特に乳牛改良に貢献した。1996年からは酪農だけの経営では厳しいと考え、「ミルク工房」を設立して乳製品の生産加工販売を手掛けるようになった。その後、牛乳を使った菓子製造やレストラン、直売所をつくるなど、6次産業化を推進してきた。

酪農、生産販売、雇用などの面で地域に貢献してきた高橋牧場の活動について、守さんと妻の真弓さんに聞いた。

林　朝早くから大勢の観光客が訪れ、記念撮影をしたり、散歩をしたり、アイスを食べたりと、みなさん、思い思いに農村での滞在を楽しんでいますね。

私が最初に髙橋牧場に伺ったのは、「ミルク工房」ができた翌年の1997年、テレビ番組の取材でした。当時、牧場が酪農以外の仕事をするのは珍しかったと思いますが、どんなきっかけからでしょうか。

髙橋守　若い頃は、いい牛をたくさん飼うことが経営安定につながると考えて、拡大路線でやってきました。しかし、皆がそうでしたからやがて供給過剰となって、昭和の終わり頃（1979年・1986年）には生産調整に追い込まれました。

そんなときに出会ったのが、北海道立中央農業試験場長で、後に拓殖大学北海道短期大学の教授になった相馬暁先生でした。相馬先生は新しい視点で北海道の農業に大きく貢献された方です。その先生に「加工しなければダメ」と教えられ、「牧場プラス加工品をその場で提供する施設」という新しい道が開けたのです。また、ファームインを始めた酪農家仲間の湯浅優子さんから、グリーンツーリズムについても聞いていて、何か新しいことを始めたいと漠然と考えている頃でもありました。

ヨーグルトを始めたのは経営安定の理由も

林　1996年3月にミルク工房立ち上げたときは、アイスクリームの製造からでしたが。

髙橋守　本当は最初からチーズをやりたかったのです。ニセコには西村公祐さんというチーズ作りの先駆者がいて、そのカマンベールチーズを食べたときに「日本の食生活が変わる」とさえ感じました。西村さんが「クレイル」という工房をつくったのが1975年ですから、おそらく、カマンベールチーズ製造ではメーカーよりも早く、日本でほぼ最初ではなかったでしょうか。それまでチーズといえばプロセスチーズだけでしたから、ナチュラルチーズは驚きでした。それ以来、家内とともに研究を続けてきました。

ところが、チーズを作るにはお金が足りません。一方で、チーズよりもアイスクリームのほうが多くの人にウケるとの考えもありました。また、周囲からアドバイスもいただいて、アイスクリームから始めたのです。お蔭で、軌道に乗れたのかなと思います。

工房をつくるに当たり、当初は牛舎の近くを考えていましたが、ちょうど同じ時期に写真館をつくろうと考えていた写真家の清水武男さんから、羊蹄山がきれいに見えるこの場

北の自然がおいしい
ニセコ ヌプリ
ホルスタインズ
ミルク工房

所がいい」と言われ、たまたま持っていた牧草地につくることにしました。牛舎の近くだったら、施設をこんなに広げることはできなかったので、結果的に成功でした。

林　写真家の選んだ場所だけあって、本当に素晴らしい眺めですね。また、建物も倉本龍彦さんや中村好文さんといった一流建築家にお願いするというこだわりようです。

髙橋守　施設や建物も、すべて羊蹄山がきれいに見えるように配置しています。特にレストランをつくる際には、羊蹄山の借景にはとてもこだわりました。

林　都会の人から見ると、ほっとできる景色です。また、建築、ランドスケープ、アートなど、様々な分野の方たちとの人脈の広さにも驚きます。髙橋さんご夫妻のお人柄が、多くの人たちを惹きつけるのでしょう。訪れるたびに新しい施設ができ、ミルク工房の場所が広がり、多くの人が訪れているのも驚きです。

髙橋守　年間約30万人のお客さんに来てもらっています。今ではアイスクリームのほかに、ヨーグルト、ロールケーキ、シュークリーム、バウムクーヘンなども作るようになりました。ヨーグルトを始めた直接のきっかけは、「牧場で牛乳を飲みたい」というお客さんの要望からです。もちろん、生乳をそのまま出すわけにはいきませんが、わざわざ来ていただいたお客さんに、自慢の牛の乳を味わってほしいという気持ちから、ヨーグルト製造の設備を入れることにしたのです。牧場の新鮮な牛乳を低温殺菌し、乳酸菌を加えてゆっくりと作る。生産者だからこそできる濃厚な「のむヨーグルト」を作っています。

ヨーグルトを始めたもう1つの理由に、夏場しか売れないアイスクリームと違って通年販売できるヨーグルトを提供することで、経営を安定させる狙いもありました。経営の安定には、売上の平均化だけでなく従業員の通年雇用も重要です。酪農のアルバイト的な労働力確保ではなく、企業として従業員を雇用していかなければなりません。その意味で、2011年からはレストラン「プラティーボ」の経営にも着手しました。

レストランを設計したのは、建築家でありエッセイストでもある中村好文さん。もちろん、店内からはきちんと羊蹄山がきれいに見えるようにお願いしました。インテリアもすてきに仕上がり、お客さんからの評判もとてもいいんですよ。メイン料理を肉・魚・パスタから一品選んでもらい、ビュッフェに並ぶスープやサラダ、ミルク工房のお菓子などからデザートを選ぶスタイルです。ヨーグルトが飲み放題というのも人気になっています。

材料の仕入れでは、地元の野菜農家にもお願いしています。ちょうど、農業の6次産業化が話題になっていた頃でしたので、協力してくれる農家が多くて助かりました。農家の方も、「あの店の料理にはうちの野菜が使われている」と喜んでくれます。

▲レストラン「PRATIVO」

自然工房「ニセコの森」▼

満を持してチーズ作りに着手

林　奥様の真弓さんには以前、別の取材でお伺いしたことがありました。若い頃は、都会に遊びに行きたいと思っていたそうですが、ミルク工房を始めてからは、都会から人が遊びに来てくれて、素晴らしい場所だと言ってくれるので、ご自分でもここのよさを感じるようになった、とのお話でした。

髙橋真弓　私は商売とか人間関係とかが苦手で、酪農だけでいいと思っていました。ミルク工房を始めるようになっても、一生懸命だったことは間違いありませんが、いま一つ、馴染めないところがありました。「山がきれいですね」「緑がきれいですね」と言われても「……（そうですか？）」という具合です。私たちにとっては、当たり前に〝そこにあるもの〟ですから。

しかし、あるきっかけから意識が変わりました。ヨーグルト製品を作ったときに地元のお年寄りから「髙橋さん、いいものを作ってくれたね」と言われたのです。〝ニセコ名物〟のようなものはずっと前にはありましたが、その後、ニセコらしいお土産、お使い物がなくなってしまいました。そのお年寄りも困っていたそうですが、「このヨーグルトなら」と喜んでくれました。
この言葉を聞いて、初めて人に喜ばれるのがうれしいことなんだと気づきました。それからは、牧場や工房に来るお客さんのことを考えるようになりました。「このご夫婦は定年で来られたのだろうか」「この方はかつて病気をされたのか」などなど。ここでの思い出がお客さんの人生の一頁に加えられたら、大変にうれしく思います。
3人の子供が髙橋牧場を手伝ってくれているのもうれしいことです。長男の泰之が酪農担当、長女の裕子は結婚して高井姓になり店長の仕事をこなし、娘婿の高井啓も髙橋牧場に勤めています。次男和浩は菓子製造を担当していて、孫もみんなで6人います。

林　ご両親の頑張りやお客さんの反応を見てきたからこそ、お子さんたちが3人とも家業を手伝うようになったのでしょうね。
ところで、ニセコは1990年代後半から再び脚光が浴びるようになり、パウダースノーやラフティングなどのアウトドアを楽しみに来る外国人観光客が増えました。ミルク工房はニセコの人気復活と合わせて、拡大していったのでしょうか。

髙橋守　最初からここまで大きくしようとは考えていませんでした。お客さんの要望を聞き、そのたびに困難に直面し、一つひとつ解決していくうちに、いつの間にか大きくなったという感覚です。レストランをつくった理由の1つも、お客さんの声からでした。「どこかで食事するところはないか」と聞かれて、いくつかの店を紹介するのですが、この辺りの店は定休日でなくても休むこともある。そんな場合、お客さんにウソをついてしまったことになるので、「ではウチで」となったのです。

冬場のレストランは7割が外国人客です。それも長期滞在型のお客さん。通常は滞在しているホテルやコンドミニアムで食事をしているようですが、「たまに外で食べようか」と思ってうちに来られるのだと思います。逆に、夏場は8割が札幌周辺からのお客さんです。近年は、リピーターが増えてきました。

林　ミルク工房は、様々な種類の牧場スイーツも作っていますね。

髙橋守　自分が育てた牛から搾乳し、その絞りたての牛乳から美味しい乳製品を作り、直接お客さんに届けたいと思っています。お菓子作りで目指すのは、牛乳の風味を大切にした、生産者だからこそできるこだわりのおいしさです。よい土、よい草で育てた健康な牛から絞った新鮮な牛乳をたっぷりと使い、添加物などの余計なものを入れないお菓子。そういう考えで、シュークリームや米粉100％のロールケーキ、「お乳かすていら」など

▲「のむヨーグルト」と「お乳かすていら」などの詰め合わせ。
直売店で買うことができる

念願だったチーズ作り▼

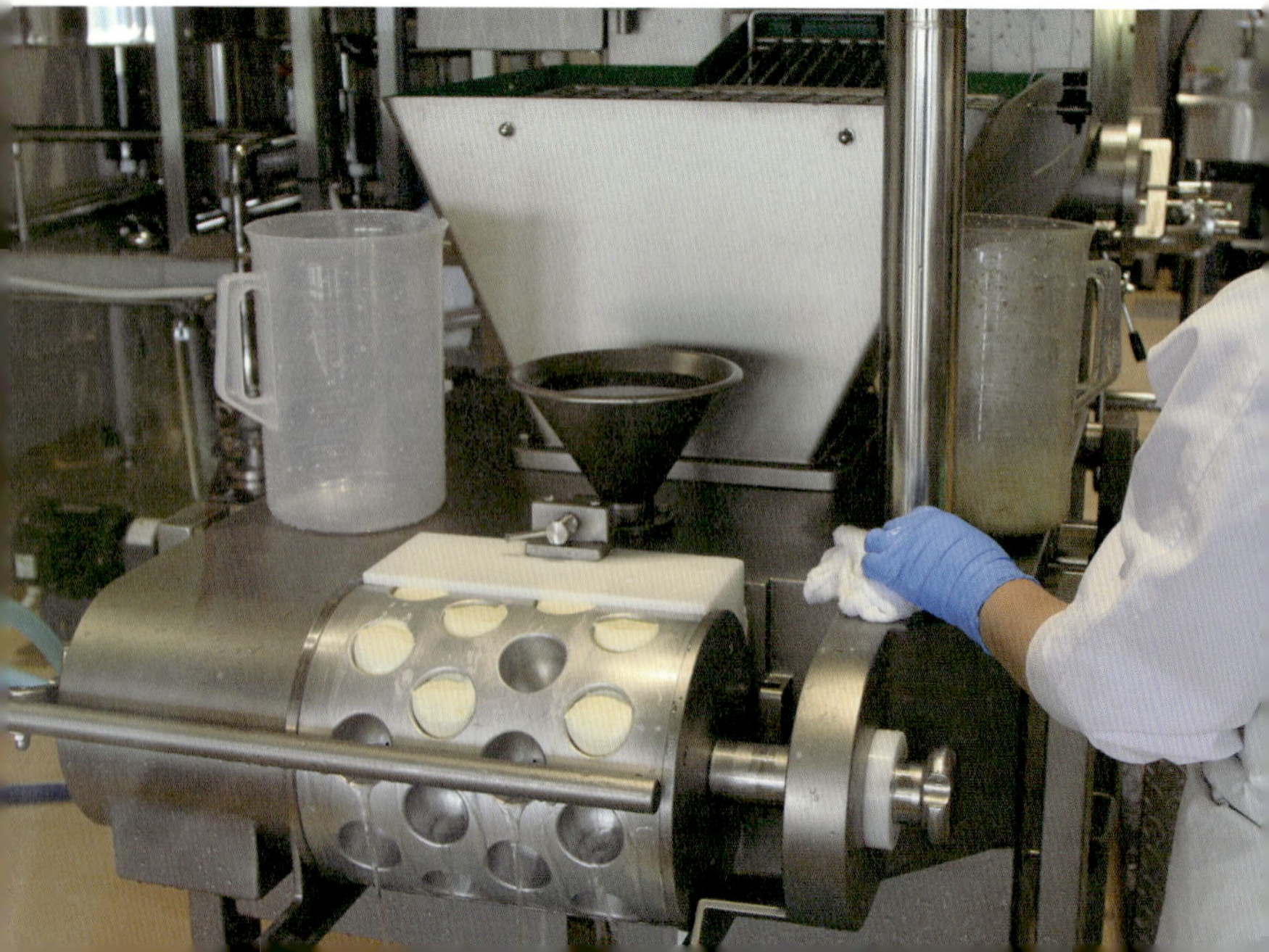

を作ってきました。シュークリームは、注文を受けてからたっぷりとクリームを詰めて作ります。また、うちの商品を食べてもらった人から「どんな場所で作られているのか見てみたい」と思ってもらえるような商品作りを心掛けています。

商品開発に当たっては、お客さんの声も貴重です。ミルクたっぷりのバウムクーヘンも「お土産用に日持ちするお菓子も欲しい」との要望からでした。お陰様で、少しずつラインナップが増えてきたと思います。

林　ミルク工房を始めて、酪農経営に変化は現れましたか。

髙橋守　加工を始めたことで収益も上がり、酪農経営を支えてくれています。酪農本業が大変なときは、加工の売上がカバーするというように。

ほか、地域の雇用創出に役立っているといわれることもあります。従業員は60人くらいまでに増えましたが、今、ニセコは観光地として注目されていることもあり、逆に働き手を探すのに苦労するようになりました。以前働いていて、結婚や出産で辞めた女性に、また働いてもらうこともあります。

林　酪農も加工も手掛け、また社長として、とても忙しい毎日ですね。

髙橋守　私は牛が大好きだし、加工するのも大好き。こだわりの生乳生産と加工品作りは、仕事の両輪だと思っています。家族や仲間のみんなと話し合いながら、前向きに取り組んでいるので、苦労と感じたことはありません。

林　ミルク工房立ち上げ当初からの念願だったチーズ作りも、いよいよ始まりましたね。

髙橋守　いろいろな条件が整い、２０１６年12月、レストラン「プラティーボ」の隣に、チーズ工房とピザショップ「マンドリアーノ」を開業し、チーズの製造過程やピザ作りを見学できるようにしました。

チーズ作りに関しては、近くの余市町や仁木町でワイン作りが盛んですので、それに合うチーズを作りたいという気持ちがありましたし、周りから「チーズを始めたらどうか」とのお話もいただいていました。チーズを作るために牧場を拡大して、牛も増やしました。しかし、何といっても、新得町の牧場「共働学舎」の宮嶋望さんの協力が大でした。農家のチーズ作りの先駆者である宮嶋さんとの交流の中で、私のチーズ作りのイメージが膨らみましたし、宮嶋さんからはアドバイスも多くいただきました。チーズ作りの職人を採用し、収益を考えて通常の農家の工房より大きな施設にし、製造機械と大型冷蔵庫を入れました。ピザに使うためのモッツァレラと、長期熟成が必要なコンテタイプを製造し、販売もしています。これからもいろいろと工夫をして、軌道に乗せていきたいですね。

▲髙橋守さん

髙橋真弓さん▼

地域がしっかりしているから農業が成り立つ

林　ピザショップの窓からは、遠くに羊蹄山、近くにヒマワリと美しい景観が広がり、散策を楽しむ家族連れやカップルの姿も見えます。

髙橋真弓　都会の子供たちにとって、何もない広々とした牧草地を走り回っているだけで楽しいのでしょうね。今のところ、立入禁止の場所を設けずに、自由に楽しんでもらっています。それに、あえて遊具などは設置していません。干草のロールと昔使っていた農機具を置いているだけ。遊具がなくても、子供たちはロールに乗って、「フワフワするんだ」などと言いながら遊んでいます。子供というのは、本来そういうものなんでしょうね。

ヒマワリを植えたのは、土にすきこむための緑肥としてです。ところが、「きれい」と喜んでくれるお客さんが多いので、摘み取り自由にしました。

林　真弓さんが嫁いでこられたとき、守さんはまだ普通の酪農家だったと思いますが、結婚してからずいぶん変わったのでしょうか。

髙橋真弓　普通、女性のほうがいろんなことをやりたいと言い出す場合が多いと思いますが、前にお話したように、私は牛飼い以外には消極的でしたので、その分、主人が積極的になったように思います。主人は、朝から牛舎で仕事をし、経営の仕事もして、その合間にヒマワリを植えたり、花壇をつくったりと、働くのが苦にならないようです。冬の除雪は業者に頼んだ後、レストラン周りの細かな除雪は自分でやっています。そういう働きぶりが、ミルク工房の繁盛につながっているのでしょうね。

林　守さんは町議会議員も務めるなど、地域づくりにも熱心です。

髙橋守　町との関わりが増えたことで、自分の会社や店のことだけでなく、地域との関わりにも関心が出てきました。地域がしっかりとしているからこそ、酪農業や農業が成りたつものと思っています。道の駅「ニセコびゅうプラザ」の立ち上げでは、農家の仲間と知恵を絞って、人気の直売所をつくることができましたし、ミルク工房のコーナーもつくりました。

２０１２年には、地域酪農の維持発展のために仲間６人でＴＭＲセンターを設立しました。ＴＭＲとは、牧草などのサイレージ、とうもろこしなどの飼料、ミネラルなどを混ぜ合わせてつくる「完全飼料」（Total Mixed Ration）のことで、それを提供する施設がＴＭＲセンターです。複数の畜産農家が飼料を管理することで、無駄とコストを省くことが可能になります。

林　髙橋さんご夫妻は、６次産業化や地域農業貢献などが評価され、平成13年度にはホクレン夢大賞の農業者部門大賞、２０１６年にはＪＡの全農酪農経営体験発表会最優秀賞を受賞されました。そして、いよいよ東京吉祥寺に「ニセコ髙橋牧場」がオープンしましたね。夢はどんどん広がっているようです。

髙橋守　吉祥寺の店は、２０１６年12月に都会の人たちにニセコの酪農や乳製品を知ってほしくてつくりました。チーズタルトに力を入れていますが、お客さんの反応を見つつ、改善していくつもりです。

　あくまでも将来の夢の段階ですが、日本海側の寿都町《すっつ》などの漁村と連携をできないかと思っています。食材やレストランの料理、グリーンツーリズムなどで、酪農と漁業とで相乗効果が生まれたらうれしいですね。もちろん、都会の人にも、ニセコや北海道の農業を伝えていきたいと思います。

アイス・ソフトクリーム
ロール・シュークリーム
のむヨーグルト
チーズケーキ

事例②／地産地消・農村景観

ストーリーがある

北海道真狩村 レストラン・マッカリーナ

食材にはその土地の

羊蹄山南麓、真狩村の農村地帯に、宿泊施設の付いたオーベルジュ形式のレストランとして1997年にオープンした「レストラン・マッカリーナ」。後にミシュランで三ツ星を獲得する札幌のフレンチレストラン「モリエール」のオーナーシェフである中道博さんが、地元の食材と羊蹄山の湧水に強く惹かれたことがきっかけでプロデュース。土地と建物は真狩村が担当し、運営は第3セクターが担当する形でスタートした。「マッカリーナ」の名前の由来は、イタリア・トスカーナ地方の言葉で、マッカは「豊かな大地」、カリーナは「かわいい」という意味。そして「真狩いいな」という気持ちも込められている。

モダンなインテリアでまとめられたレストラン棟と、わずか4室の宿泊棟。暖炉のあるエントランスホール、羊蹄山側に大きな窓のあるゆったりとしたダイニングルームなど、シンプルながら、温かみと親しみのある雰囲気を醸し出している。季節を感じさせる地産地消フレンチと接客サービスが評価され、リピーター客も多い。

日本の農村地域にあるレストランとして草分け的存在でありながら、20年経っても、数か月先まで予約が埋まっているという人気の秘密を、マネージャーの橋本貴雄さんとシェフの菅谷伸一さんに聞いた。

林　レストラン・マッカリーナがオープンして２０１７年で20年目を迎えました。橋本さんは最初からマネージャーとして関わってこられましたが、当時の日本ではまだ、農村地域にある本格フレンチレストラン、さらにオーベルジュという形態は非常に珍しかったと思います。その頃を振り返っていかがでしょうか。

橋本　マネージャー就任について正確に言うと、調理師専門学校卒業後、モリエールで３年弱勤め、その後、フランスで2年、カナダで3年、レストランで働いて、マッカリーナ開店直後に帰国しました。それから、ちょっとしたアルバイト感覚でマッカリーナでひと夏働いた後、当時のマネージャーが辞めてしまって、その後釜で入ったというわけです。

マッカリーナができる前のこの辺りは電燈一つないような田舎でしたが、オープンに関して地元の新聞社やテレビ局、女性雑誌など、マスコミもずいぶん取り上げてくれましたし、行政の関係者とか「モリエール」のファンの方に来ていただいて、ランチには最初から大勢の人が来てくれました。翌年、さらに爆発したという感じです。

一方で、地元に十分に浸透していたわけではなく、「まっかり温泉」が隣接していますから、その関係の〝食事処〟と思って来た人もいたようです。こちらが「フレンチレストランです」と言うと、「パスタだけではダメなのか」「うどんはないのか」という切り返しもけっこうありました。

林　畑のまん中に、札幌市内と同じ本格的なレストランができたのですから、戸惑う人もいたでしょうね。

「旅行をどう楽しむか」のスタイルに変わってきた

橋本　北海道にもペンションブームはありましたが、それとは違う宿泊付きレストランという形態も珍しかったのだと思います。私自身はフランスでオーベルジュを経験していたので、やれる、やれないは別として違和感はありませんでしたが。

林　今では個人の旅行客が、レストランでの食事をメインにプランを組み立てることも普通になってきました。

橋本　最初はリゾート感覚で来ていただいた方も多く、「何かほかに施設はないのか」とか、言外に「何かしてくれるでしょ」と言いたそうな質問が多かったですね。今は、食事中心で来られて、それ以外の時間は自分たちで「どう楽しむか」を見出すスタイルになってきました。

maccarina

林　リピーターも多いのでしょう。

橋本　季節ごとに来られる方もいらっしゃいます。それぞれの季節で、違った景色を見せてくれますが、私としては、生命の息吹が感じられる初夏と、空気感の落ち着いた晩秋が好きですね。

四季の中で冬場のランチはやはりお客様が少なくなるのですが、その代わり、ニセコの外国人観光客ブームの影響から、ディナーでの外国のお客様がずいぶん増えました。けっこうリッチな方が多いらしく、高価なお酒もどんどん注文していただき、テーブルの売上がひと桁違う、なんてこともあります。

林　1980年代後半から、全国各地に観光関連の第3セクターが盛んにつくられるようになりましたが、経営に行き詰るところも多いようでした。マッカリーナは〝奇跡の第3セクター〟といわれるほどの成功例ですが、2008年7月8日、洞爺湖サミットで来日した各国首脳夫人がランチをされたことも大きかったのでは。

橋本　オープン当初から宿泊含めてそこそこ順調でしたから、10年かからずに安定してきたといえるでしょう。そんな中で、開業11年目の年に、各国首脳夫人の昼食会で全国的に有名になりました。今でも、特に関西のお客様はその話題をされる方が多いですね。

▲橋本貴雄マネージャー

自然や生き物を最後までありがたくいただく

林　「野菜がおいしい」「野菜が主役」ということが、マッカリーナの何よりの特長だと思います。地元農家との関わりで変わってきたことはありますか。

橋本　世代交代している農家の方も多く、若い世代は積極的に関わってくれます。真狩村ではユリ根が特産ですが、ほかにも、いろいろな新しい野菜に取り組んでいる農家が増えてきました。

また、「自分で作った野菜がどのように料理され、どう食べられているかがわかることで、農業生産の喜びを感じ、やりがいにもつながっている」と話してくれる農家の方も大勢います。

林　第3セクターでスタートしたことから、クリスマスビュッフェ、中学校卒業の記念食事会、村民向け料理教室など、利益を村民に還元できるシステムもユニークです。

橋本　子供たちへの支援は2000年代初めから取り組んできました。まず、村内の小学6年生に「味覚教室」という形で、堅苦しくない雰囲気の中、甘い・辛い・しょっぱい・

すっぱいなどの味を知ってもらいます。それから3年経って中学3年生になったら、コース料理とテーブルマナーを学んでもらいます。

林　まさに食育の場にもなっているのですね。

橋本　最近シェフとよく話すテーマが「人は何を食べて生きてきたのだろう」「本当においしい料理とは何だろう」ということ。たとえば、今日のメニューにシャルキュトリというものがありますが、これはハムやソーセージ、パテ、テリーヌなどの食肉加工品を指すとともに、自然や生き物の命をきちんと調理して最後までありがたくいただくという西洋の思想も含んでいます。

料理にあまり堅苦しいことを取り込むつもりはありませんが、「食べるって大事なこと」だとあらためて考えるようになりました。

林　今、食の生産地と消費地がどんどん離れていっていますが、ここは「食と農」の関係がとても近く、濃密だと思います。食の産地にあるレストランだからこそ、食べることの原点のようなものを伝えていけたらいいですね。

ありのままの自然の中で食事と時間を楽しむ

林　マッカリーナに来るたびに、料理のおいしさと同時に、窓から眺める羊蹄山など周りの景色に感激します。菅谷シェフから見たマッカリーナの特長とは何でしょう。

菅谷　春夏秋冬、地元の食材を出し、四季を感じてもらうことです。ずっと以前の私は、食材がよくなくても料理のウデでカバーできると思っていました。しかし、フランスで修行して、食材ありきだと気づくようになりました。食材には、その土地のストーリーがある。それをうまく引き出すのがシェフの役割です。

林　今日の料理も見た目はシンプルそうですが。

菅谷　南米チリに、地面に穴を掘って焼いた石を入れ、食材を入れてその上に葉っぱなどをかぶせてじっくり焼くクラントという料理があり、それにヒントを得ています。この場合は、灰の中で時間をかけて焼いた、いわば焼き芋ですね。本当は外でたき火をしてその下で作ろうと考えたのですが、実現できませんでした。もっとも、肉は外で、アウトドア用の器具を使って焼くこともあります。

林　橋本さんも話していましたが、食べることの原点に戻っているのかもしれませんね。

菅谷　昔ながらの調理法に戻っているのかもしれません。先ほど食材が原点と言いましたが、地元の野菜を使うことはもちろん、山菜やきのこも、春先などに毎日羊蹄山に登って採って来ています。カモも2、3日に1回、獲りに行きます。札幌にいたままなら猟銃など持つこともなかったでしょう。

林　季節に合った食材を自ら採りにいくのですね。

菅谷　その一方で、天候不順などで旬の食材が揃わないときは焦ります。洞爺湖サミットでの昼食会にはアスパラガスを出したのですが、7月上旬でしたから時期的にはちょっと遅く、農家にはひと畝だけ残しておいてもらいました。じゃがいもは収穫期以外にも出していますが、越冬させる場合は室に雪を入れ、その中に間隔を空けてじゃがいもを入れます。すると糖度が増しておいしくなり、6月くらいまでけっこう高い糖度が保てます。

林　周りの農家もマッカリーナのための野菜作りに協力してくれているのですね。

菅谷　あちこちの畑を回り、農家の軒先で、率直に話をしている中から、農家との信頼関係が生まれて、それが素晴らしい食材につながっていると思います。たとえば、フレンチの食材として、セロリラブ（根セロリ）やリーキ（西洋ネギ）などを作ってもらっています。

▲ 23 種類の野菜が入った前菜

旬の食材を生かしたメニュー▼

セロリラブは2000年代初め頃に自分で作ってみたのですがうまくいかず、結局、農家の方にお願いしました。リーキを作る農家は1軒だけになってしまいましたが、その農家は2代目となってもずっと作ってくれています。ほかにも、カリフラワー系、ニンジン系、ビーツ系といろいろ揃えており、今日の前菜には23種類の野菜が入っています。

収穫から料理するまでの時間が短いのが、おいしさにつながっているのだと思います。農家の手が足りないときは、自分で畑に野菜を採りにいくこともあります。

林　元々マッカリーナは、中道博シェフが事業をプロデュースされました。中道さんは当時の思いを「羊蹄から吹いてくる風が気持ちよく、山麓から湧き出るおいしい水と季節ごとに素晴らしい食材のある真狩村は、料理人にとって『夢の場所』のひとつ。ここで、北海道の食材の魅力を存分に生かせるレストランをつくりたかった」と語っています。

また、日本の伝統を現代化したデザインで国際的に評価の高いグラフィックデザイナー、田中一光さんが総合デザインを監修し、数々の公共建築物を手掛けてきた内藤廣さんが建築デザインを担当するという豪華な顔ぶれでスタートしました。20年にわたって成功し続けているのも、優れた人材が力を合わせたからといえるのではないでしょうか。

菅谷　才能面と同様に土地への愛着も大切ですね。その土地が本当に好きにならないとうまくいかないと思います。私自身、真狩で仕事をし、真狩に暮らして、真狩が大好きになりました。もっとも、成功の要因として、札幌や千歳空港から遠くないこともありますね。

林　また、いい人材という意味では、スタッフの育成にも力を入れていらっしゃる。

菅谷　現在、この店で株式会社マッカリーナの人間は、中道と橋本と私だけ。スタッフは中道が社長を務めるラパンフーヅからの出向という形です。スタッフにはここでずっと働いてほしいというのが本音ですが、人を育てていくうえでは職場を変えることも大切。ここ出身で、ラパンフーヅグループである美瑛のアスペルジュやビブレ、札幌モエレ沼公園のランファン・キ・レーブに行った人もいます。

林　中道さんと取材やトークショーなどでお会いする中で、「一番大事なことは地域を思うこと」「北海道の魅力は上質な素朴さ」というお話を度々うかがいます。地域を思う気持ち、本当に大切だと思います。菅谷さんはマッカリーナの魅力をどんな言葉で伝えますか。

菅谷　景色のきれいな場所はほかにもありますが、結構飽きてくることがあります。その点、ここの景色は普通の農村風景なのですが、見ていて飽きがきません。夏の朝、誰もいない畑で一人で草をむしっていると非常に気持ちがいい。マッカリーナの魅力を表すと「ありのままの自然の中で食事と時間を楽しむ」といえると思います。

▲菅谷伸一シェフ

追記「北海道の魅力を料理で表現する」——中道博シェフ

札幌のフレンチレストラン「モリエール」は、『ミシュランガイド北海道』で「2012特別版」「2017特別版」と、2回連続で三ツ星を獲得した。そのオーナーシェフが中道博さん。テレビにも度々登場する北海道を代表するシェフだ。

中道シェフが「マッカリーナ」に続いて取り組んだのが、JAびえいと協力して運営する食のショールーム「美瑛選果」。地元野菜を使ったレストラン「アスペルジュ」（フランス語でアスパラガス）と、ケーキや軽食のコーナー、農産物の直売所を備え、抜群のおいしさとともに、モダンな雰囲気で人気を集めている。中道シェフいわく「農家と料理人がプロデュースする新しい形のドライブイン」。こうしたステキなドライブインが増えたら、ドライブも楽しくなるだろう。

夏の間、レストランで使う野菜はほぼ美瑛産。前菜で出される一皿には、野菜やハーブなど美瑛産の農産物が20種類も美しく並ぶ。その野菜は、地元農家の契約農園で栽培され、レストランのシェフが、毎朝、農園に行き、最高の状態の食材を収穫してくる。地産地消ならぬ〝旬産旬消〟である。

以前の取材で、中道シェフとともに美瑛の高橋農園を訪ねる機会があった。そこで高橋農園が契約農園に至ったいきさつを聞くことができた。

かつて、中道シェフは美瑛の農家の人たちと一緒に、フランスのカリスマ農家・ジョエル・チボーさんをパリ郊外に訪ね、畑や野菜の作り方を視察したことがあったという。フランスではチボーさんの野菜は最高とされ、市価の2～3倍の値段にもかかわらず、有名レストランのシェフはこぞって使いたがり、マルシェでは飛ぶように売れる。チボーさんとの出会いが、農家の人たちの「生産者魂」に火をつけたのだろう。

「料理人が評価して買ってくれるのなら、手間がかかっても、様々な種類の野菜を作ってみたい」と、契約農園の話がトントン拍子で進んだという。農家と料理人が協力して、その地域ならではの料理を作っていく――なんと素晴らしいことか。冬場には、ジャガイモを雪室で越冬させる取組みも始めている。

また、中道シェフは「地元の旬の野菜を使うだけで、おいしさはグンと上がる。よい食材には、それほどの力がある。料理人は、その土地の素材を適切に生かしていくことが大切」と力説する。

マッカリーナや美瑛選果の成功の秘訣を聞くと、こう答えてくれた。

「料理のおいしさや店の雰囲気ももちろん大事。でも一番大事なことは、地域を大事に思うこと。美しい夕陽を見たら、『ああいいな、ほかの方にもお見せしたいな』という気持ちが大切です。北海道の魅力は『上質な素朴』。これを忘れてはいけない」

地域に住む人たちそれぞれが、住んでいる地域を愛し、「上質な素朴」を目指していけば、食でも観光でも地域づくりでも、北海道はもっともっと元気になれるはずだ。

maccarina

事例③／農家民宿・地域活動

のがグリーンツーリズム

愛媛県内子町

ファーム・イン RAUM 古久里来

自然体で無理をしない

愛媛県松山市から南南西に約40キロ、白漆喰や浅黄色の土壁の家が建ち並ぶ内子町がある。これらの建造物は、江戸中期に始まる木蝋《もくろう》生産により財をなした豪商や町屋が、明治期に建てたものだ。昭和に入って産業は廃れるものの、1970年代から、120軒あまりの古い家が600メートルにわたって連なる町並みの保存運動が高まり、1982年、四国初の重要伝統的建造物群保存地区に選定された。1985年には、町の誇りでもある芝居小屋「内子座」が、落成時の1916年の姿で復元された。

内子町で景観保存と同様に活発な活動がグリーンツーリズムである。そのきっかけとなる農村休暇法（農山漁村余暇法）が1994年に制定され、翌年度から農林漁業体験民宿（農家民宿）の登録が始まった。内子グリーンツーリズム協会には、14軒の宿泊施設が加盟しているが、その中の1つが森長照博さん・禮子さん夫妻の経営する「ファーム・インRAUM古久里来《こくりこ》」。内子グリーンツーズムのリーダーであり、農家民宿の先駆者である森長さん夫妻に、農村での楽しみ方について話を聞いた。

林　私は２００５年に松山市で仕事があったときに、内子町役場のホームページで古久里来のすてきな写真を見つけて宿泊し、すっかりファンになりました。美しい農村風景に囲まれた心地よい環境や、心のこもったおもてなし、おいしい料理、そして森長さんご夫妻の人柄に魅せられて、何度もお伺いしています。

古久里来が開業したのは１９９５年の８月１日ですから、まさしく農家民宿の登録が始まった年ですね。どんな経緯で始められたのでしょう。

森長照博　１９８０年代後半、地域研究センターの知人から、ヨーロッパでの農村ツーリズム研修に誘われました。イギリス・フランス・ドイツ・オーストリア・スイスの農村を視察し、農家の人、特に女性が頑張っているのを見て、農村にとってもいい活性化になり、内子でもやってみようと思ったのがきっかけです。当時はまだグリーンツーリズムという言葉も知られていなかったと思います。

森長禮子　昔からわが家では、子供たちと一緒にペンションや民宿に出かけることが多かったのですが、長野県の妻籠に素敵な民宿があって、そこのおばあさんの好印象がずっと残っていました。その後、夫が海外視察から帰ってきて「これからの農家の主婦の仕事はこれだ」となって始めることにしました。

開業当所、夫はまだ役場に勤めていましたし、ヨーロッパのアグリツーリズムは「農家の主婦がやれる範囲」ということでしたので、背中を押される形で私が経営者になりました。

うたた寝するのも立派な農村体験

林　宿の名前の由来を教えてください。

森長禮子　「コクリコ」はフランス語で「ひなげし」のことです。ヒントとなったのが与謝野晶子の歌でした。

ああ皐月　仏蘭西の野は　火の色す　君も雛罌粟《こくりこ》　我も雛罌粟

晶子の夫鉄幹は『明星』廃刊ののち、心機一転のために渡仏するのですが、晶子も鉄幹を追いかけ、ウラジオストクからシベリア鉄道でパリに向かいます。この歌は、フランスに入って列車の窓から火のように赤いひなげしが一面に咲いているのを見て詠んだとされています。

「君も雛罌粟　我も雛罌粟」はいろいろと解釈がありますが、私は「ひなげしの咲く野で〝コクリコクリ〟とうたた寝をしてしまった」と捉え、宿の名も「古き里に来ていただき、

▲多目的ルーム

ギャラリー▼

▲瀬戸内国際芸術祭から生まれた音楽隊「こえびカンダダン」を招いて

田植え体験▼

うたた寝でもしながらのんびりお過ごしください」という思いから「古久里来」と名付けました。

森長照博　RAUM《ラウム》はドイツ語で「部屋」とか「空間」を意味し、うちでは、お客様が自由に使える空間を考えました。

２０１１年に内子町は、同じく町並み保存に力を入れているドイツ・ローテンブルク市と姉妹都市になりました。市街を巡る城壁の南側に「シュピタール門」という玄関口があり、その上にラテン語で「来る者には平和を、去る者には無事を」と書かれているそうです。それを受けて、うちの宿も「訪れる人に安らぎを、旅立たれる人に幸せを」をコンセプトにしました。

林　うたた寝ができる空間ですか。農家民宿というと、農林漁業体験を提供することを条件に、旅館業法が大幅に緩和されているわけですから、何らかの「体験」をしなければならないと、考えている人も多いですよね。

森長照博　うちでは田んぼをやってますから、田植えや稲刈り、籾摺りなどが自前の体験メニューです。ぶどう、桃、ブルーベリーなどの果物収穫は友人の農家を紹介し、燭台づくりは鍛冶屋さんを紹介します。でも、国が「体験をさせなさい」というからやっているだけであって、私は、うたた寝してボーっとしたり、五右衛門風呂に入るなんていうのも立派な体験だと考えています。

大切なのは、お客様には自然体で無理をせず、リフレッシュして帰ってもらうことです。また、体験というのなら、地域の文化を知ることも貴重な体験だと思います。

林　内子文化の象徴といえば、八日市護国地区の明治時代の商家と、内子座ですね。地方でこれほどの文化遺産を備えているところはほとんどありませんし、内子座には歌舞伎や文楽、落語などの一流の演者が訪れます。

森長照博　内子座文楽の方はうちに泊まっていただいてますが、その際に、うちのギャラリーで文楽を語ってもらうこともあります。また、文楽の鑑賞によく来られる声優さんには、宮沢賢治や藤沢周平の朗読会をやってもらいました。朗読会では、さらに平家物語もやっています。内子出身の折本慶太さんの箏《そう》、川村旭芳さんの筑前琵琶の演奏をバックに、平家物語を朗読するというもの。会費1000円で部屋は40人が限界ですから、折本さんたちの交通費にもなりませんが。

林　私は農村と都市との交流、農都共生をテーマに研究してきましたが、都市の人が地方に来て農村生活と触れ合い地域文化を知ると同時に、地方の人にとっても大きな影響があるのではないでしょうか。

森長照博　私たちの活動も「都市にとっても、農村にとっても、よいこととは何だろう」の追求から始まりました。農村にとっては、都市の人と接することで、知性や人間性、センスが磨かれ、さらには、地元文化の価値にあらためて気づかされることになります。外部の人との触れ合いがなかったら、内子の良さも悪さも見えてきません。こうしたグリーンツーリズムの素晴らしさを内子のみなさんに伝え、宿泊や体験を受け入れてくれる仲間を増やしてきました。

コミュニティホールやインフォメーション機能も

林　古久里来は宿泊を提供するだけでなく、地域のみなさんの交流の場にもなっています。四国というと巡礼が浮かびますが、お遍路さんを受け入れてきたことが、こういった交流の文化につながっているのでしょうか。

森長禮子　そうかもしれません。ただし、内子は巡礼のルートから外れていているので、歩いて回られるお遍路さんがうちに泊まりに来られることはほとんどありません。

林　およそ、どれくらいの人がここを訪れるのでしょう。

森長照博　宿泊客だけなら年間400人程度ですが、朗読会などいろんなことをやっているので、出入りする人は年間1500人くらいでしょうか。

交流の面で古久里来にはいくつかの機能があって、まず「リフレッシュ空間」があります。宿泊だけでなく、「コクリコの森」と名付けた雑木の森がありますから、ちょっと立ち寄ってもらってリフレッシュすることもできます。

次に「コミュニティホール」としての機能があります。朗読会のほかにも、観桜会や観月会、各種展示会、コンサートもやっていて、先日は結婚式もやりました。この場＝空間を通じて、人と人とのつながりができればと考えています。

3つ目は「インフォメーションセンター」。観光案内だけでなく、内子座のすっぽん・せり・背景の松とか、保存建築物の枡形《ますがた》、蔀戸《しとみど》、懸魚《げぎょ》、うだつ、鳥衾《とりぶすま》、鏝絵《こてえ》の解説とか、上芳我《かみはが》家《け》・本芳我《ほんはが》家《け》の歴史なんかも話します。

最後は「プロモーション」や「マーケティングミックス」の機能。地元の果物を買いたいというお客さんがいれば、農家を紹介します。買う人は安心して注文できますし、農家側もおいしそうなものを選ぶとか、葉などを添えるといった心遣いをします。そうなると、

▲内子座

内子の町並み▲▼

お客さんは喜んでしまって「またお願い！」となりますよね。

林　いろいろな機能がありますね。また、役場にいらっしゃっただけあって、さすがに町の歴史や見どころに詳しいですね。私も来るたびに、歴史的な町並みなどを案内していただき、感激しています。

森長禮子　コミュニケーションが夫の役割分担です。内子について〝少しお話ができる〟んですね。ほかにも、コマや竹馬で子供たちと遊ぶとか、庭の掃除、薪わり、五右衛門風呂の沸かし方指導なんてことも仕事です。それと、農業は夫が中心です。

林　役割分担という点では、禮子さんはオーナーですし、また宿のもう1つの魅力でもある料理も担当ですね。どんなことに気を使って料理されていますか。

森長禮子　体にいい料理が基本です。あと、ハーブを使ってちょっとおしゃれに仕上げるとか。米は自分たちが作ったものですが、野菜は近所の農家から仕入れています。

グリーンツーリズムの宿だからといって、食材のすべてを自前で揃える必要はなく、地元から仕入れることで、むしろ地域の共生に役立つことができると考えています。グリーンツーリズム協会の仲間のみなさんと一緒に、楽しみながら、料理の実習やおもてなしの勉強会も開いたりしています。

「私たちもお客さんに育てられている」

林　開業して22年、これまでどんなことがうれしかったでしょうか。

森長禮子　最初の頃に独身で来られたお客さんが、結婚して今度は子供を連れてやって来られる。その子も大学生になっていて、私たちにとっては孫の成長のようにうれしく感じます。

雑誌などに載ったうちの料理を切り抜いて持ってきて、「これが食べたい」と言ってくれるのも、料理人として非常にうれしい。また、お客さんには私たちと一緒に撮った写真を添えて礼状を出しており、多くの方が返信してくださいます。そこに書かれた感想や注意点などを運営の参考にしています。

林　やはりリピーターのお客さんが多いのですか。

森長禮子　多いですね。宿に到着すると「ただいまー」「お帰りなさーい」という挨拶です。「ここに帰ってくるとホッとする」という声に励まされて、22年間やってきたようなものです。なかには、泊りに来られなくても「元気にしてる」とか、災害時には「大丈夫だっ

▲「体にいい料理」が基本

現代的な五右衛門風呂▼

宿泊棟内▼

たか」とかの電話をくれる方もいます。

林　うれしい交流ですね。集客で工夫されていることはありますか。

森長禮子　ホームページでの予約か口コミが中心です。これまではほとんどが口コミでしたが、最近はホームページを見て予約してくる海外のお客さんもいらっしゃいます。

集客に関して、積極的に仕掛けることはしていませんし、旅行サイトからの集客もこちらからは動いていません。お客さんが古久里来を選んでくれるように、私たちも、来ていただきたいお客さんに来てほしい。「客を選んでいる」と言うと偉そうですが、それが旅館やホテルと、農家民宿との違いですし……。経営は楽ではありませんから、無理をせず、農家の主婦ができる範囲で、ある程度割り切らなければやっていけないと思います。

林　古久里来はグリーンツーリズムの先駆者であり、リーダーであり、成功者ですから、その関係で相談に来られる人もいるのではないですか。

森長照博　いらっしゃいます。そんなとき、「コンセプトをきちんと立ててから施設やシステムをつくったほうがいい」とアドバイスします。先ほど、お客を選ぶ、という話がありましたが、「こんな人に泊まってほしい」を具体化させるだけでも経営にプラスになると思います。

それと、農家民宿は皆がすぐに飛びついてできるというものではありません。自分たちの利益と、使命感や達成感という2つの考えを天秤にかけてやっていくことも大切だと思います。

農家民宿が一般の宿泊施設と違うのは、一方的に宿泊やリゾートを提供するのではなく、こちらはリフレッシュと農村文化を提供し、お客さんには何らかの形でつながりを持ってもらう、すなわち、相互交流をするということが前提にあります。いわば、私たちもお客さんに育てられているのです。

林　古久里来の場合、グリーンツーリズムの思想と同時に、ご夫婦の生き方が滲み出ているのではないでしょうか。グリーンツーリズムでの交流は、提供する側にとっても、利用する側にとっても、大きな喜びがあるだけでなく、人として成長を実感できる場でもあることを気づかされました。

（写真提供：ファーム・インRAUM古久里来＝P85、P86、P94、P96）

▲窓の外に広がる「コクリコの森」

森長照博さん・禮子さん夫妻▼

事例④／地産地消・地域活動

パン作りにこだわる

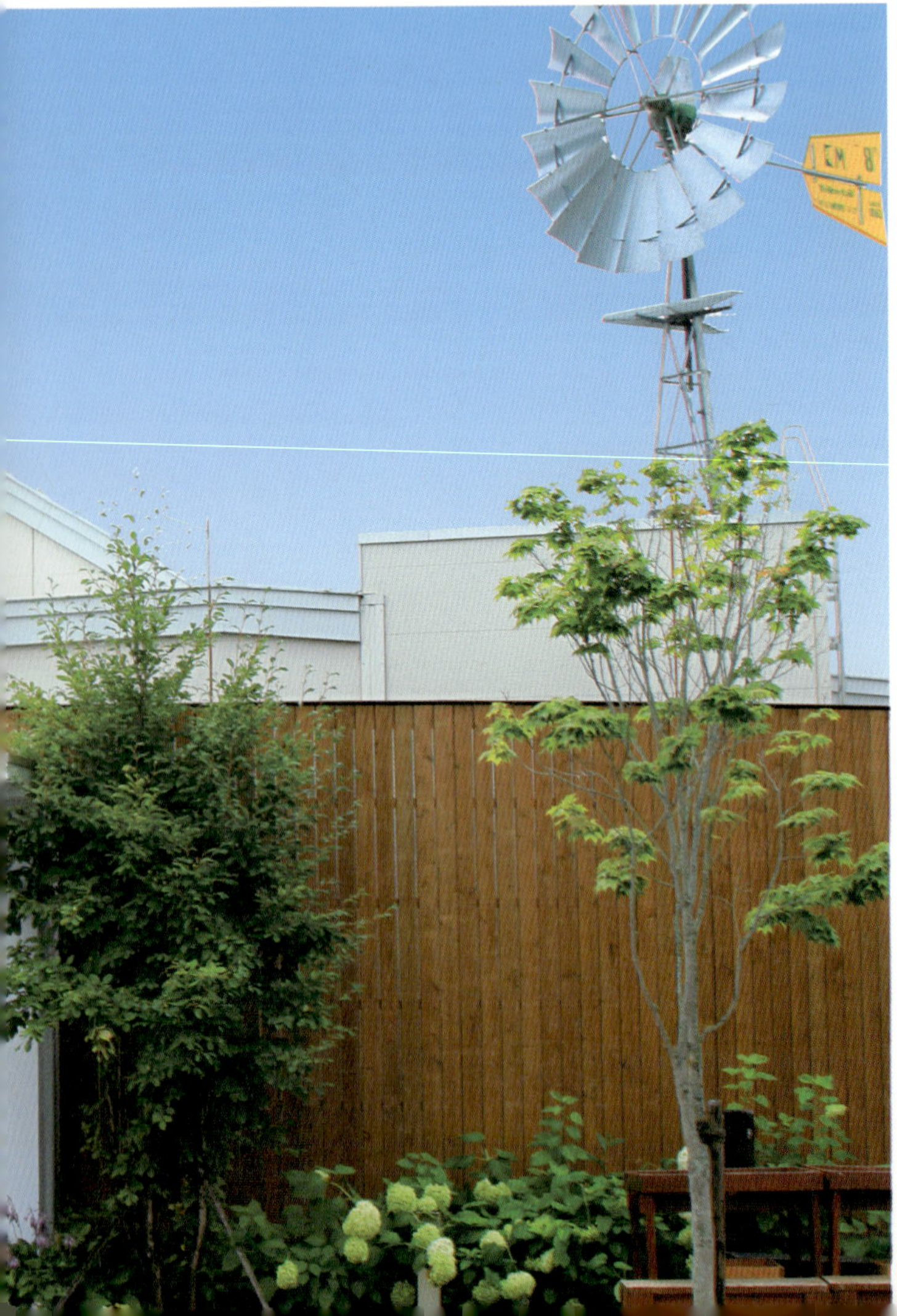

北海道十勝

満寿屋商店

十勝産小麦 100%の

北海道十勝地方で、終戦間もなくパンの製造販売を始めた満寿屋商店。「ますやパン」として、地域で長く愛され続けてきた最大の理由は地産地消にある。

日本国内のパンに使われる小麦は、今でもそのほとんどを北米産に頼っている。一方で、十勝平野は国内最大の畑作地帯であり、畑の耕作面積は北海道全道の27％、日本全土の12％に相当、うち、小麦の作付面積は日本全体の20％を占める（北海道農林水産統計平成28年）。満寿屋は、原料の産地でありながら輸入に頼ってきた矛盾を解決するため、1980年代より十勝産小麦100％によるパン製造を追求してきた。2009年、満寿屋は6番目の店舗として、帯広市郊外に「麦音」をオープン。その店舗で扱う全商品について、十勝産小麦100％使用を実現した。

「麦音」は敷地面積1万1000平方メートル。単独のベーカリーとしては国内最大の広さを誇り、様々な種類のパンを手頃な値段で買うことができる。また、カフェスペースやオープンキッチンのほか、実際のパン作りに使う小麦の畑がある。

麦音店内で、十勝産小麦にこだわる理由、そして十勝の農業や食育について、満寿屋商店4代目・杉山雅則社長に聞いた。

林　小麦が風に揺れる音、屋上にある風車の回転が水車を通じて石臼に伝わり、その石臼が小麦を挽く音、石釜でパンが焼ける音……。まさに、小麦からパンができるまでのストーリーを音とともに感じることのできる空間ですね。

慶應義塾大学ＳＤＭアグリゼミでは２０１２年、２０１３年と続けて帯広視察を行い、ここ麦音ではお話を聞いたりピザ作りを体験させていただいたりして、学生たちも大変感動していました。

２００７年９月に、母親で３代目社長の輝子さんから社長職を継いだ雅則さんが、その１年８か月後の２００９年５月、満寿屋商店の旗艦店となる麦音をオープンさせました。どんな経緯からでしょう。

杉山　私は２００４年６月に本格的に家業を継ぐ準備をするために、アメリカ留学などを経て帯広に帰ってきましたが、それまでも、満寿屋がテーマとしてきた十勝産小麦によるパン作りを、どうしたらお客様にわかりやすく伝えられれかを考えてきました。

帯広に帰る直前の４月から６月、70日間かけてヨーロッパを視察し、各地でその土地ならではのパン作りを学びました。そこから小麦栽培→水車・風車を使った製粉→パン作りの工程→その場で食べる、という構想に結び付けていきました。

▲麦音の小麦畑

麦音の中庭▼

十勝産小麦100％使用に至る30年の試行錯誤

林　満寿屋さんは最初から地元に密着したパン屋さんを目指してこられたのですね。

杉山　私の祖父にあたる杉山健一が、今の満寿屋本店の場所に店を構えたのが1950年1月のことでした。

はじめから地元農家に喜んでもらえるパン作りを目指していたそうで、農家は今でもそうですが、10時と3時に畑でおやつを食べます。そこで祖父は、畑仕事で汗をかいた後に手軽に食べることができておいしいもの、そして、十勝は乾燥していますからパサパサしてなく、飲み物がなくてもスッと喉を通るようなパンを提供したい、と考えて、甘くてやわらかいパンを開発しました。

林　満寿屋さんがはっきりと地産地消を目指したのは、1982年に2代目社長となった、お父様の杉山健治さんでした。

杉山　パンを買いに来た農家に「うちの小麦は使われているのか」と聞かれて調べてみたところ、国内最大の小麦の産地でありながら、パン用の小麦は1％も作られていないことがわかったのです。

元々、日本人がふだんの食事にパンを食べるようになったのは戦後からです。しかし、食糧難でしたから、まずは米の増産を優先し、学校給食をはじめとするパンはアメリカから大量に送られてきた小麦で作っていました。やがて、１９６０年代後半から米が余り始め、逆にパン食が普及してきて、１９７０年代になってようやく国も道も、小麦の生産に力を入れるようになりました。

しかし、パン用の小麦というのはグルテンを多く含む北米産の強力小麦に頼りきりだったため、国内には量も質も、パンに適した品種が乏しかったのです。満寿屋の地産地消への挑戦には、小麦の確保や製造研究のほか、品種改良と生産者の増加という外部条件の整備も必要だったのです。

そんな中で、パン製造に適性のある準強力小麦の「ハルユタカ」が１９８０年代後半に開発され、１９９０年、満寿屋は初めて北海道産小麦１００％のパンを実現させました。父は農家に対してハルユタカの栽培を支援しましたが、この品種は十勝の風土には合わず結果的に失敗。さらに、間もなく父が急逝してしまったのです。

その後数年を経て、１９９０年後半に春まき小麦の「春よ恋」が、２０００年代前半に

▲▼創業（1950＝昭和25年）当時の満寿屋本店

▲満寿屋商店４代目・杉山雅則社長

麦音店内▼

秋まき小麦の「キタノカオリ」が、それぞれ開発されました。この本格的な強力小麦の出現により、ようやく十勝産小麦100%のパン作りが可能となったのです。

ここ麦音では、オープン以来、十勝産小麦100%を続けていますが、満寿屋全店・全商品でそうなるのは2012年10月からです。その背景には、2008年に北海道優良品種となった「ゆめちから」の影響が大きい。ゆめちからは、さらに多くのグルテンを含んだ超強力小麦なのです。

林　日本人なら誰でも米の銘柄はいくつか挙げられますが、小麦の銘柄はほとんど知りません。小麦にもいろいろ品種があるのですね。

杉山　米は昔から日本人に馴染みがありますし、ご飯の形からも想像しやすいですね。一方、小麦の場合、小麦粉に薄力粉、中力粉、強力粉があることは知っていても、品種のほか、用途別の消費量・自給率などはほとんど知られていないでしょう。

たとえば、お菓子やてんぷらの衣、お好み焼きに使われる薄力粉、うどんに使われる中力粉、パンに使われる強力粉を比べると、国内消費量では強力粉の150万トンが最も多いのですが、自給率は、頑張ってきたとはいえ3%、かたや中力粉では、消費量は60万トンながら、自給率は60%もあるのです。

林　ひと口に地産地消といっても、満寿屋さんの場合、30年以上におよぶ努力を要したわけですね。

十勝の小麦を伝える食育とイベント開催

林　杉山社長とは2006年、足寄で開催された木質ペレットのフォーラムでご一緒させていただきました。満寿屋さんでは、小豆や砂糖、クリームを作るための牛乳や卵に至るまで十勝産にこだわっていますが、パン焼き用の石釜にも十勝産の木質ペレットを使っていると知って驚きました。

杉山　麦音の準備の中で、環境への取組みも考えました。当時、ペレットバーナーはありましたが、業務用オーブンはまだ開発されていなかった。これをいろいろな状況で試したいと考え、そこから生まれてきたのが、可動式の石釜です。

2005年から、手作りの石釜を積んだ軽トラック「石釜号」で、毎週各地の幼稚園や小学校、イベントを訪問し、地元の食材を使ったパンやピザを食べてもらっています。子供たちにとても人気があります。

林　地産地消から食育に発展したのですね。どのような発想から取り組まれたのでしょう。

杉山　まず、十勝の価値を伝えたいということ。私自身、いろいろな土地に住んでみて、あらためて十勝のよさに気づかされました。帯広の高校を卒業して鹿児島の大学に進み、その後はパン作りの修行のために渡米しました。2000年に帰国して今度は東京の製粉会社に就職、2002年にようやく満寿屋に就職しましたが東京勤務でしたので、帯広に戻ったのは前述したとおり2004年でした。

食育を始めたもう1つの動機は、危機感といえるでしょう。私はアナログの世界で育ちましたが、今の子供たちはデジタルとかITの中で成長していきます。しかし、「食」はリアル世界のもの。食を通じてリアルの世界を見失わないようにしてほしかったのです。麦音の小麦畑では地元の農業高校の生徒と一緒に育てています。

林　ほかにも地域の様々なイベントに参加されていますね。まず北海道小麦キャンプについて教えてください。

杉山　帯広市の産業連携室が地域の食産業振興のために2009年に始めたイベント「十勝ベーカリーキャンプ」が前身です。やがて、主催が民間の実行委員会に移ってくる中で、2014年に「十勝小麦キャンプ」に名称変更、翌年にはスケールアップして「北海道小

▲北海道小麦キャンプ 2017

麦感祭 2017「麦わらロールころがし」▼

麦キャンプ」となりました。北海道産小麦の価値を広めることを目的とし、全国の小売系製パン職人と小麦生産者をつないで、交流会、講習会、パネルディスカッションを開催しています。

林　東京・世田谷区下馬にあるシニフィアン・シニフィエの志賀勝栄シェフ、世田谷区弦巻のベッカライ・ブロートハイムの明石克彦シェフ、千葉県松戸市のツオップの伊原靖友シェフなど、日本のトップクラスのパン職人も参加されています。

杉山　お陰様で十勝に来られるパン職人が非常に増えました。また、小麦キャンプから派生して2014年から、十勝小麦の収穫を祝って、とれたて挽きたての小麦を食す「十勝小麦ヌーヴォー」が開催されています。

林　帯広市の北に隣接する音更町《おとふけ》の「麦感祭《ばっかんさい》」では、満寿屋さんは実行委員を務めていらっしゃいます。

杉山　音更町は、市町村単位では小麦収穫量日本一です。しかし、町民はそのことをよく知りません。そこで、町の有志が2011年から始めたのが麦感祭です。先ほどの十勝小麦ヌーヴォーの開催日は9月下旬ですが、麦感祭は8月下旬ですから、北海道で最も早く〝新麦〟が食べられます。

林　新米祭りというのはよく聞きますし、日本人にとって関心が高いと思いますが、新麦祭りというのはユニークですね。

杉山　今や、一世帯の支出額で見ると、米に使うお金よりパンに使うお金のほうが多いのです。それにもかかわらず、「日本の米がなくなると困る」という危機感はあっても、この先、輸入自由化が進んで「国産小麦がなくなってしまうかも」という危機感は小さい。だからこそ、我々はこのようなイベントを開いて、生産者と消費者、パンの作り手をつなげていきたいのです。

東京出店と「十勝パン」の夢

林　さて、2016年11月、首都圏の東急東横線都立大学駅の近くに、「MASUYA TOKYO」をオープンさせました。それまで満寿屋さんは、帯広市内4店舗と音更町、芽室町に各1店舗と、すべて十勝管内での出店でした。なぜ、札幌ではなく東京だったのですか。

杉山　十勝の人間にとって、札幌も東京も意識的には同じなんですね。時間的には、かえって東京のほうが行き来が短くなったりします。それに東京出店は、すでに２０１０年の経営ビジョンに盛り込まれていました。ホームページにも掲載していますが、「十勝小麦生産者の努力と農業の価値を伝えるための、生産者と消費者をつなぐファーマーズベーカリー」を東京に出店したいという思いを持っていました。

林　たしかに、十勝産１００％のインパクトは、札幌の人よりも東京の人のほうが強く受けるかもしれません。小麦などの食材はもちろん、水も十勝の水を使い、壁材には十勝産カラマツ、テーブルには十勝産タモを使うといったこだわりようです。

杉山　お客さんの中には、「十勝の知り合いから〝絶対に行くように〟と言われたので来た」という方が多くいらっしゃいました。このことだけでも、創業以来、満寿屋が十勝の人に支えられてやってこられたことがわかって、非常にうれしく思いました。今では近隣のお客さんもずいぶん来店されます。また、十勝の農家の方が東京出張の際に寄ってくれるのもうれしいですね。

林　まさに農家と消費者をつなぐファーマーズベーカリーですね。たくさんある商品の中で私は「白スパサンド」が好きなのですが、東京店での人気商品は何ですか。また、オリジナル商品はありますか。

杉山　チーズパンが一番人気です。一般に十勝といえば、乳製品を思いつく方が多いからだと思います。オリジナルとしては、小麦の食べ比べ商品があります。同じパンでも小麦の品種が違えば味が違うのです。米と同じように、小麦による違いを知ってほしいと考えて作りました。あと、麦を直接感じてもらうため、麦粒を練り込んだパンも作りました。

林　今後の東京出店の計画と、杉山社長ご自身の夢はありますか。

杉山　２０２０年までにあと４店舗の出店を計画しています。私の夢といえば、フランスパン、ドイツパンと並ぶ「十勝パン」というブランドを作りたい。以前からそう考えていて「十勝パンを創る会」でいろいろと開発してきました。志賀勝栄シェフに監修を依頼していて、そろそろいいものができてきましたので、次は消費者の反応を見つつ、改良を重ねていくといったところです。

林　地産地消のパンへのこだわりと、十勝の小麦を広めるという、２つの思いを合わせたものが十勝パンと言えそうですね。十勝パンの完成、私も楽しみにしています。

（写真提供：満寿屋商店＝P102上、P105、P110、P115）

▲▼ MASUYA TOKYO

事例⑤／６次産業化・廃校利用

６次産業の拠点に

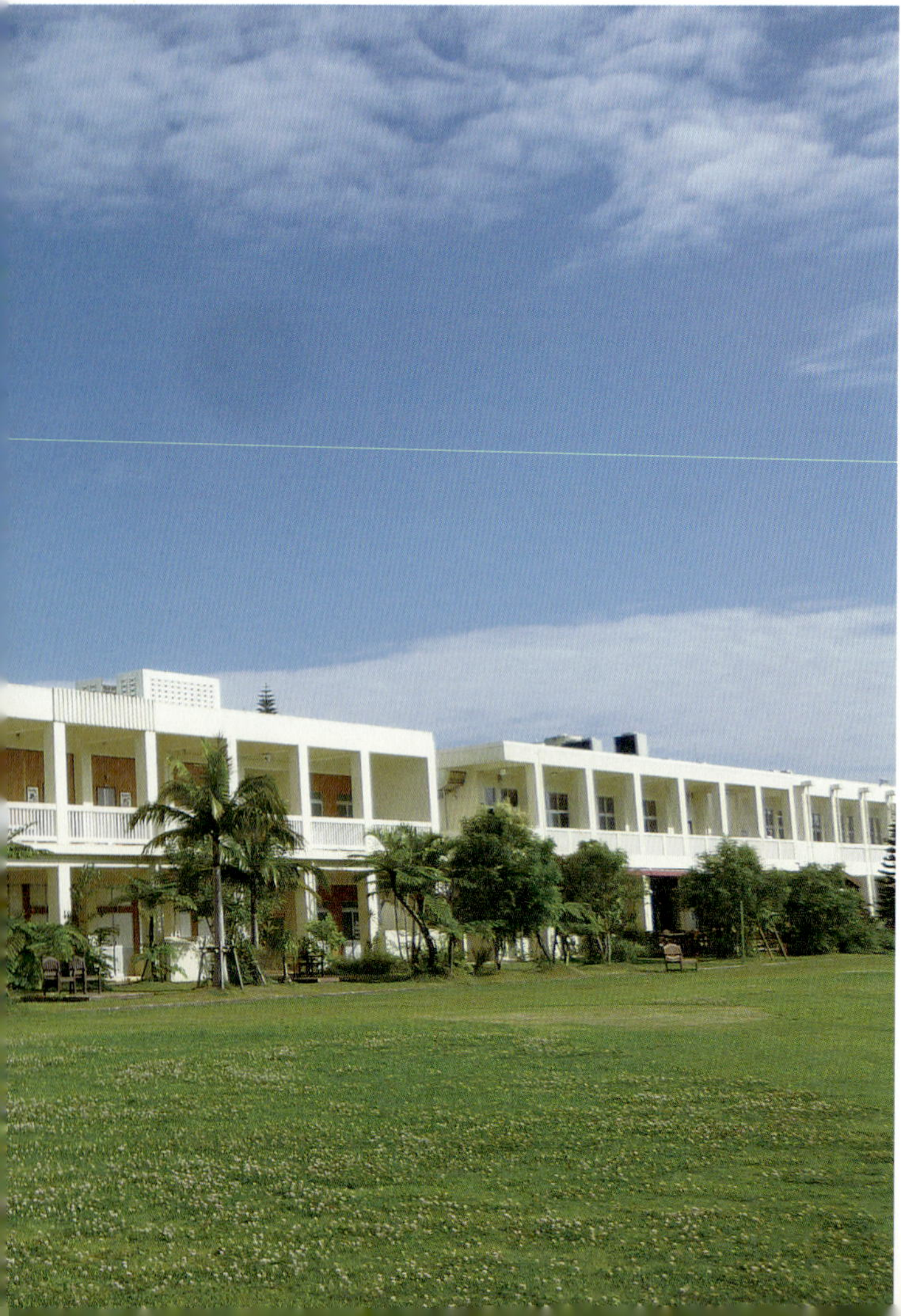

沖縄県今帰仁村

あいあいファーム

廃校跡地を利用して

今なお沖縄本来の自然と伝統が色濃く残る「やんばる」。やんばる（山原）とは沖縄本島の北部を指す現地の言葉で、なかでも東シナ海に突き出た本部半島は、美ら海水族館や世界遺産今帰仁城などで近年注目されている地域だ。

あいあいファームは、今帰仁村中心に活動する農業生産法人。有機栽培による島野菜や小麦、大豆、パイン、タンカンなどを生産するほか、廃校跡を利用して、発芽玄米生みそ、天然酵母パン、島豆腐、ドレッシング、ジャムなどの食品加工と販売を行い、さらには、直売所やレストラン、宿泊施設を備えるなど、様々な形で6次産業化に取り組んでいる。

同社のもう1つのキーワードが「体験」。地元の農業体験学習の主催や食農体験ソムリエ研修の開催など、食育＝教育ファーム推進事業にも力を入れている。ほか、農村ヘルスツーリズムの開催や雇用創出への貢献など、幅広い分野で地域活性化に寄与している。

地方の飲食業者が地元の農業に参入し成功している理由は、飲食業の中で掴んできた消費者ニーズを的確に反映していること、デザインやキャッチコピーによって沖縄らしい明るさ、楽しさを演出していることなど、従来の農業者にはなかった視点がプラスの効果となっているのではないかと思う。今後、こうした新しい農業スタイルが全国各地に広がっていくことを願っている。

居酒屋から自然派レストランに転身

㈱あいあいファームは、那覇市中心にレストランや居酒屋を経営する㈱アメニティの農業部門として２００９年２月に設立された。あいあいファームの代表取締役社長でありアメニティでも社長を務める伊志嶺勲さんは、１９８４年９月、沖縄で大手居酒屋チェーン店「村さ来」のフランチャイズを開業。１９９３年６月にアメニティを設立し、「洋風居酒屋 太陽市場」などの自社ブランドを立ち上げた。

その後は順調に店舗を増やしていくが、急拡大した反動から人材育成が疎かになり、サービス低下、経営環境悪化を招くことになる。新たな飲食店の姿を模索する中で、福岡で「ぶどうの樹」ブランドで成長している㈱グラノ24ｋを知ったことが、その後の経営方針を変えるきっかけになった。

グラノ24ｋの拠点は福岡市と北九州市の中間にある岡垣町。昭和初期から続く旅館業を発展させ、野菜、パン、ハム・ソーセージの製造販売、レストラン事業のほか、ウエディングや食育体験ファームも手掛ける。有力な観光資源のない地域であることを逆手にとり

「ここにしかない田舎づくり・ものづくり」を強調する、6次産業、地域活性サポートのモデル企業である。

伊志嶺社長はグラノ24kを実際に視察して大いに影響を受け、2005年より「洋風居酒屋 太陽市場」を自然食バイキング「健康食彩レストラン だいこんの花」などにモデルチェンジしていった。

「だいこんの花」の最大の特長は有機無農薬野菜。ほかにも健康志向を前面に出したことで、地元客、観光客ともに高い評価を得るようになった。ところが、沖縄では有機無農薬野菜を安定的に仕入れるのは難しく、契約農家からの供給だけでは足りなくなってきた。「それなら自分たちで作ろう」と立ち上げたのがあいあいファームである。

最初は、わずかな農地で野菜、豆類、果物を栽培したものの、それだけではアメニティの食材供給に不足するので、半分以上の材料を周辺の農地から提供してもらった。後に耕作放棄地の借入れや取得により農地を広げていき、2017年現在で8・2ヘクタール（うちJAS有機認定圃場は1・3ヘクタール）を所有するに至った。ただし、やんばる地区は伝統的に祖先を非常に大切にする土地柄、耕作放棄地であっても、先祖代々譲り受けてきた土地はなかなか手放してくれず、苦労したという。

▲「村のレストラン・農家の食卓」

レストラン内部▼

公共・民間の力を借りて6次産業化を推進

あいあいファームの6次産業化への取組みは、設立当初から積極的に仕掛けられていった。2009年5月、今帰仁村が村立の湧川小中学校・幼稚園の廃校活用（中学校は2003年3月閉校、小学校・幼稚園は2010年3月に閉校・閉園）にあたり民間事業者を募集。8事業者が応募する中で、農業体験や農産物加工体験、および宿泊の施設として利用するというあいあいファームの提案が採択され、翌年9月、施設の無償貸与契約を締結した。2011年には本社を湧川小中学校跡地に移し、農産物の生産、加工、販売を始めた。

あいあいファームが仕掛けたもう1つの策が、2011年3月に施行された「6次産業化・地産地消法」に基づく認定事業計画（平成23年度）の申請である。これに「沖縄県産の小麦・米粉・大豆等を使った加工品の販売や農業体験などを実施する総合的な教育ファーム事業」という事業名で申請し、見事認定された。

内容は「自社産の大豆や、県内の農家と連携して沖縄産の小麦、米粉を取り入れて、チーズケーキ等のスイーツや、味噌、豆腐、天然酵母パン等の新商品を開発する。また、パンの具材には、沖縄産のパイナップルなどのドライフルーツや、沖縄産のハーブなどを使用する。ネットショップ事業や、全国の直売所のネットワークを通じて販売力の強化を図る。廃校を利用し、加工施設、直売施設、体験農場、宿泊施設を整備する」というものであった。

さらに、実際の運営面であいあいファームを支援したのが、６次産業化の実践で先を走る三重県の「伊賀の里モクモク手づくりファーム」だった。１９８７年、伊賀の養豚農家出資によるハム工房から始まり、１９９５年に、生産・加工・販売機能と宿泊施設や体験教室を備えた、社名と同じ農業公園を開園。以来、「モクモク」は県内の著名ブランドとなり、２０１６年には年間来場者数50万人、総売上50億円という、この分野での巨大企業に成長した。あいあいファームにとって、先達ともいうべきモクモクファームが、沖縄の廃校跡での事業展開間もない企業と資本提携したのだった。

「経営者同士、非常に仲が良かったのです」と、あいあいファーム経営企画室長加力謙一さんは言う。両社は業務でも提携し、あいあいの社員をモクモクに研修派遣させている。なお、加力さんはあいあいファーム設立時より経営の中心的役割を果たし、２０１１年には農水省認定6次産業化ボランタリープランナーに任命されている。

手作りファームがグランドオープン

２０１４年3月30日、「今帰仁の里あいあい手作りファーム」が開園した。それまでに宿泊棟や体験教室などの施設はできていたが、新たにレストランや直売所などを整備したうえでのグランドオープンとなった。

屋内の主な施設は以下のとおりである。

「村のレストラン 農家の食卓」／直売所＆カフェ／お菓子、パン工房（パン作り体験）／豆腐工房／味噌工房／ドレッシング＆ジャム工房／ソーセージ工房／体験教室／セミナー室／宿泊棟／宴会場／コインランドリー

また、屋外には以下の施設がある。

ふれあい動物広場／サラダ畑／多目的テラス

レストラン「農家の食卓」では園内で生産・加工・製造された野菜、パン、豆腐、ソーセージやハムのほか、動物広場で飼育されている鶏の卵などを提供する。昼はバイキング形式のレストラン、朝と夜は宿泊客のための食堂になる。

▲直売所

直売所内部▼

▲宿泊棟内部

▼手作りピザ窯

山田沙紀さん▼

直売所では園内の農産物・加工品のほか、近隣で作られたお茶類、ジャムなどをスタッフがセレクトして陳列する。一番の売れ筋はアンダンスー（油味噌）、おすすめはパイナップルドレッシングとのこと。「ゆし豆腐」は近くのオジイ、オバアが買いに来るという。

あいあいファームは「農業と食育とものづくりを通して、人々の心と体の健康づくりに貢献します」と経営理念に掲げるように、食育にも力を入れている。体験内容は、豆腐、沖縄そば、無着色ソーセージ、天然酵母パンといった食品作りのほか、有機農業や動物の世話などがある。こうした食と農に関する体験活動を全国に広めるべく、２０１５年、食農体験ネットワーク協議会の立ち上げに参加。全国の農業体験施設と連携して「食農体験ソムリエ」の研修と資格認定を行っている。

初年度は数名だったスタッフも２０１７年には40名以上に増えた。宿泊施設支配人の阿部健一さんのように、県外出身者も少なくない。２０１５年頃からは20代のスタッフも集まってきた。

その一人、山田沙紀さんは２０１６年4月入社。生まれは東京だが祖母が名護出身で、沙紀さんは東京の大学に通いながら、沖縄でＮＰＯ活動に参加。そこであいあいファームを知り、入社を希望する。同社は新卒採用の経験がなく渋っていたが、山田さんが社長に直談判して採用に至った。入社後は、ビザ窯づくりや婚活パーティーといった若者ならではの企画を実現させている。
「観光や商業的要素だけでなく、地域の人が常に集まり、日常的に使える場所にしたい」（山田さん）
やんばるは観光面では脚光を浴びるようになったが、人口は減少傾向にあり、地域の暮らしは決して楽ではない。そんな中で、若い働き手が集まってくることは地域の活性化に大きな力を与えるだろう。

▲ものづくり体験棟

鶏小屋▼

事例⑥／農村景観・地域活動

組む大規模牧場の挑戦

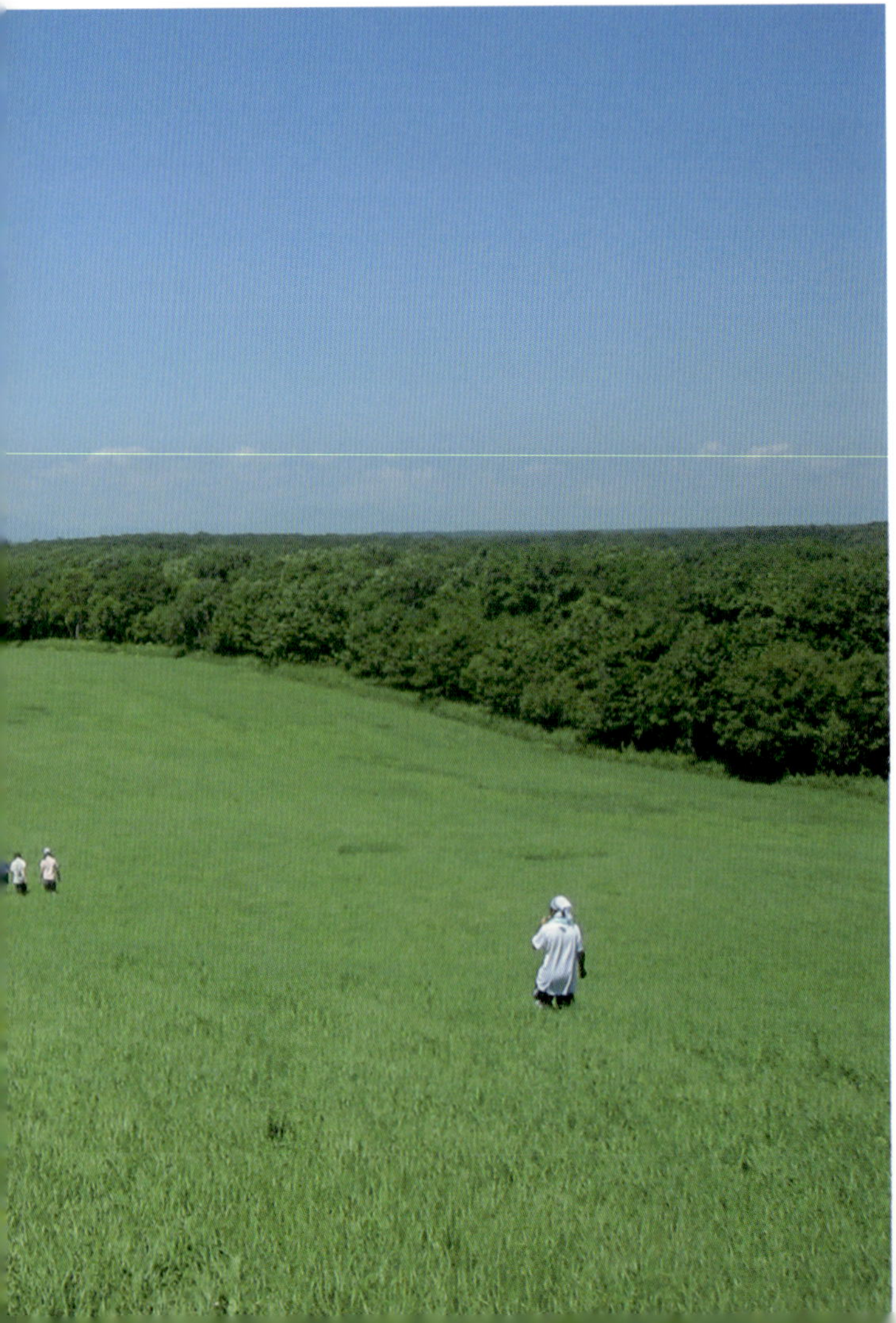

北海道根室市

伊藤牧場

都市・農村の交流に取り

日本の最東端に位置する北海道・根室地域。知床半島の南東側半分から根室半島まで、千島列島に向かって口を開けたような地形をなし、根室市、別海町、標《しべ》津《つ》町、中標津町、羅臼町からなる。

気温は年間を通じて冷涼で、根室市の6〜8月の平均気温は14度。さらにこの時期、降水量が比較的多く日照時間が短いため、通常の農作物の栽培は厳しい。一方、牧草の生育はよく、広大な土地を生かした酪農が盛んである。日本で粗飼料（牧草）が100％自給できる場所は、根室・釧路と宗谷の一部しかない。

根室地域（根室振興局）における生乳生産量は約80万トンと、全国生産量の約1割、全道生産量の約2割を占める。同地域の農業産出額で見ると、合計919億円のうち生乳の割合が約8割、生乳以外の乳用牛を含めると9割を超える（平成26年根室振興局資料）。

◆乳用牛の飼養状況

	全　国	北海道	根室地域
飼養戸数	17,700戸 (100%)	6,680戸 (37%)	1,258戸 (7%)
飼養頭数	137万頭 (100%)	79万頭 (58%)	※ 17万頭 (12%)
1戸当たりの飼養頭数	77頭	118頭	135頭

※根室地域の人口は7.6万人（2017年）

出所）平成27年農林水産省畜産統計

まさしく酪農王国といえる根室地域で、本格的な開拓が始まったのは１８６９（明治２）年。最初のうちは、穀物や大豆の栽培は度重なる冷害凶作のために失敗するが、馬産は繁栄し、明治中期、根室市西部の厚床《あっとこ》には東洋一といわれた畜産市場が創設された。その後は乳用牛飼養も進み、１９４６（昭和21）年までに管内で６か所の乳業工場が設置された。

都会の人に酪農の姿をもっと知ってほしい

根室半島の根もとに位置する根室市明郷《あけさと》にて、総面積２４０㌶《ヘクタール》、飼養頭数３００頭の伊藤畜産を経営するのが伊藤泰通さんだ。伊藤さんの祖父が入植し、幾多の苦難の末、１９４９年に牧場を開業した。

伊藤さんは１９６４年生まれ。若い頃は牧場を継ぐ意志はなく、隣町の高校を卒業後は札幌市にある大学に入学して心理学を専攻、大学卒業後は市民生協でバイヤーとして働いた。そこで、「どうすれば消費者に本当の農業の姿を伝えられるか」を意識しながら仕事をしたという。

30歳になり、いよいよ管理職という１９９４年に伊藤さんは根室に戻って家業を継いだ。それまで伊藤牧場では家畜商もやっていたが、伊藤さんは乳牛飼養のみの経営を目指し、１９９６年12月に有限会社伊藤畜産を設立した。ただし〝酪農一本〟といっても、様々な方面からアプローチしていくやり方だ。折しも、行政より酪農経営の効率化が声高に指摘される時代背景にあった。

伊藤さんは手始めに、消費者との交流が大切と考え、１９９７年、体験型牧場の機能を取り入れる。伊藤牧場ほどの大規模牧場が体験を受け入れるのは非常に珍しい。経営効率の点では足枷に他ならないからだ。現在も、酪農教育ファーム（社団法人中央酪農会議の提唱により、教育関係者と酪農関係者の協力を得て１９９８年から開始。現在、全国に３０１の認証牧場がある）のメンバーとしての活動を継続している。

私は２０１６年7月、札幌で行われた「農観フォーラム」でのパネルディスカッション「食と景観を活かした農業観光の取組と課題解決に向けて」で、伊藤さんとご一緒させていただいた。ちなみに、本書冒頭で登場した篠崎宏さんは、当フォーラムでの基調講演およびパネリストとして参加している。私と伊藤さんは、２０１７年5月にも、東京で開催されたアグリテックサミットでも一緒に登壇した。いずれの時も伊藤さんはこう話してくれた。

「農業は必ずしも効率化だけでは測れない産業だということを、都会の人にもっと知って

ITO FARM
明郷《あけさと》
伊藤☆牧場
OPEN
9:30~17:00
見学・体験できます
フットパス案内こちらへ

もらう必要がある。それも単に叫ぶだけでなく、実際に来てもらい、酪農の空気を肌で感じてもらうことが、時間はかかるけれども有効な方法だと思う」

「フランスの農業の強さは、子供や都会の人に向けた体験などの教育を地道に続けていることにある。自分たちもそういうやり方を踏襲したい」

体験型牧場の次に伊藤さんが仕掛けたのが、日本でほぼ初となるフットパスだった。

自然景観と文化遺産を巡るフットパスを開設

2000年当時、根室本線の厚床から別当賀《べっとうが》にかけて、年齢の近い酪農家が揃っていた。村島敏美（湖南・村島牧場）、小笠原忠行（初田牛《はったうし》・小笠原牧場）、馬場晶一（別当賀・馬場牧場）、伊藤泰通、富岡美智雄（西厚床・富岡牧場）の5人である。彼らはJA根室青年部の役員であったが、40歳近くになって仕事も一段落したところで「何か地域のために活動しよう。まずは消費者との交流をする活動から」と意気投合し、2001年、地名と苗字の頭文字からなる「酪農家集団AB―MOBIT」を結成、伊藤さんはその代表を務めることとなった。

彼らは、牧場と農村の魅力を語り合う中で、自分の牧場の景色を自慢したり、他の牧場風景に言及することがよくあった。そこで「我々でも景色に感動するのだから都会の人間ならもっと感動するに違いない」と確信、「牧場を開放してはどうか」と発展していった。ただし、全面開放だと仕事に差し障るし、衛生面でも問題がある。そこで、イギリスなどで普及している〝歩くことを楽しむための道〟＝フットパスを設け、互いの牧場をつなぐ構想が持ち上がった。

フットパスの整備は2003年から始まった。造園デザイン会社や大学生らの協力を得て、同年、伊藤牧場と富岡牧場をつなぐルート（厚床パス）が完成した。同時に全国の専門家や学生、および地域住民に呼びかけ、2003～2005年の毎年8月にワークショップを開催。各回二十数名を集め、コースを歩き、議論を交わし、新たなルートやキャンプ場をつくっていった。こうしてでき上がったのが、全長42・5㎞（厚床パス10・5㎞、初田牛パス13・5㎞・別当賀パス18・5㎞）の根室フットパスである。

参加者からの「休む場所が欲しい」「おいしい乳製品を食べたい」などの要望に応える形で、伊藤さんは自社牧場のルートに、休憩所として、またグリーンツーリズムの拠点として、2007年に酪農喫茶「Grassy Hill」を開業。喫茶、牛乳、ソフトクリーム、シフォンケーキなどを提供するほか、牛をモチーフにした雑貨なども販売した。2014年にはその横に「レストランATTOKO」をオープン。喫茶、レストランは通年で営業しており、観光客だけでなく根室市民など近くの人たちの利用も多い。

フットパスの魅力について、まずは農村風景を味わってほしいと伊藤さんは言う。コース内の「もの思いにふける丘」（本節トビラ写真）は、実際に伊藤さんが経営について考え事を巡らせた場所である。フットパスは四季それぞれの顔を見せるが（冬場は通行不能区間あり）、伊藤さんのお勧めは6月から7月半ば。梅雨がなく比較的天候が安定しており、初夏の花々が咲き始める時期だからである。盛夏に発生する蚊や虻に悩まされることも少ない。

利用者の感想としては「初めて土の上を歩いた」という回答がけっこう多いとのこと。「何もない自然の景色がいい」という回答も多いが、伊藤さんは「自然景観だけでなく、われわれの祖先が切り開いてきた跡、すなわち、地域と産業の歴史も見てほしい」と言う。

厚床パスには炭鉱に使う坑木の苗畑跡地がある。これは伊藤さんが環境教育の場として利用することを森林管理署に申請して実現したものだ。ほかにも旧馬鉄線路跡や格子状防風林がある。2016年に厚床パスからの新ルートとして開通した明郷パスには、旧標津

▲レストラン ATTOKO

酪農喫茶「Grassy Hill」▼

▲ビーフサンダーマウンテン

和牛・明郷短角牛のビーフシチュー▶

◀オリジナルグッズ

オリジナル生乳石鹸▼

線（1989年廃線）のレールや鉄橋、駅舎などがそのまま残されている。また、レストランの梁などには、かつての牛舎の廃材をあえて使うことにした。

このような取組みは、観光目的ではなく地域交流の考えに基づく。フットパスの入場料は200円。年間の来場者は約2000人だから到底採算は合わない。

体験学習と様々なイベント開催で交流の場を広げる

農業体験では「本物牛舎に入れる乳しぼり体験」「ベーグルで食べるバター作り体験」のほか、親牛に草をあげたり子牛にミルクをあげたりと、1日かけて牧場の仕事を丸ごと体験するメニューもある。レストランの隣には「あっとこ家畜動物園」があり、ヤギ・ヒツジ・ブタ・ウサギ・ニワトリ・ウマ・牛などの家畜と触れ合うことができる。ヤギは人間の母乳に近い乳を出し、ウサギは食用、羊は防寒用と、いずれも開拓時代には身近で欠かせない存在だったのである。

レストランでも食育を重視している。ステーキは伊藤畜産で飼育する肉牛を使用。コンセプトは「家畜を見ながら家畜を食べる」である。また、喫茶ではコンサート、アロマクラフト講座、写真・作品展、古本市、木工ワークショップなど、常に様々なイベントを開催している。

他の伊藤牧場関連記事ではほとんど触れられていないが、私が実際に行って感激したのは、２０１１年視察の際に、通年利用できるバリアフリーの水洗トイレが設置されていたこと。年間５００人ほどの小学生を農業体験で受け入れているが、身体に障害のある子供も一緒に体験してもらいたいと設置したそうだ。将来は、農業と福祉の連携も推進したいと計画しているという。

伊藤畜産を取り巻く環境は決してよくはない。というより、厳しい数字ばかりだ。酪農家も地域人口も減少の一途を辿るし、２０００年代に入って新千歳空港増便の一方で、道東便は減便となった。根室市の年間観光客数（入込総数）は１９９７年の54万人から、２００７年には41万人、２０１６年には台風の影響もあって37万人と減少している。

それでもなお、多角的に交流の場を広げ続ける伊藤さんの試みは、酪農家や経営者のレベルを超え、「農村の美しい景観と安らぎの空間を都市住民との共通財産に」と強く願う哲学のようなポリシーがあるからだと感じる。

（写真提供：伊藤畜産＝本節全部）

▲クリスマスライブ

冬の根室フットパス▼

レポート

農業・農村の理解に

慶應SDM農都共生ラボ（アグリゼミ）の北海道沼田町視察

農業を肌で感じることが

慶應義塾大学大学院ＳＤＭ研究科で開催している農都共生ラボ（アグリゼミ）の参加者は、多様な学部出身の新卒大学院生、社会人院生をはじめ、ＳＤＭ研究所研究員や学外のゲスト講師も多く、活発な議論、研究が行われている。学内におけるゼミ開催のほか、農業、農村視察などのフィールド研究に力を入れており、毎年、夏には農村地帯に出かけ、農業体験や聞き取り調査、また、受け入れ先の役所や住民の方たちとのワークショップを開催している。

これまでに訪れたのは、北海道由仁町、滝川市、長沼町、帯広市、青森県弘前市、山形県最上町、宮城県大崎市鳴子、長野県小布施町、山梨県北杜市などである。最初の頃は、農業体験、農家民宿体験など農家との交流を中心にしていたが、４年目から、視察の後、役所や住民の方たちとのワークショップを開催するようになった。

たとえば、豪雪地帯の最上町では、最初、学生たちから「雪かきツアー」が提案されたが、住民との話し合いの中で、発想を逆転させ、「若者を鍛えるツアー」という内容に変わり、半年後、町役場のサポートもいただいて実現することができた。学生たちは、張り切って参加したものの、雪国以外で育った者にとっては、雪の上は歩くのも大変なことを実感したようだ。屋根の雪下ろしは、まさに「若者を鍛える」作業となった。

ゼミの視察で初めて農村地帯を訪れる学生も多く、「美しい農村の風景に感激した」「畑の土がこんなにフワフワしているとは思わなかった」「農家の人たちの仕事の巧みさに驚いた」など、率直な感想を述べている。

農業の町・沼田町を2年連続で視察

2016年、2017年には北海道沼田町を視察した。以前から、私が町と仕事での関わりがあったことなどから実現したもので、2年連続の視察となった。沼田町は、北海道の真ん中にある旭川市とオホーツク海に面する留萌市の中間に位置し、人口3000人余り（2017年）の農業中心の町。札幌市からは高速道路で90分ほどで着く。

1894（明治27）年、越中国（富山県）出身の沼田喜三郎が郷里の人々18戸とともに移住してきたのが町の始まり。町名は、最初の入植者である喜三郎に由来する。その後、相次ぐ集団移住により原始林が開墾されていき、稲作などの農業が始まった。昭和に入ると炭鉱の操業で栄え、1950年代半ばには2万人近い人口を数えた。しかし、やがて石炭産業は斜陽となり、1968年、1969年と閉山が相次ぎ、人口は減少した。

▲前年冬の雪を貯めた沼田町雪山センターで

雪中米の貯蔵施設▼

沼田町では、経済の回復を期して農業の近代化を推進し、米作、露地栽培のトマトの加工に力を注いできた。住民参加による議論を重ね、農村におけるコンパクトシティの指針を策定、内閣府の「地域活性モデルケース」に選定されるなど、地域づくりに頑張っている町でもある。また、町民ぐるみでつくり上げる行事「あんどん祭り」が有名である。

２０１６年には院生９名、研究員１名とともに、２泊３日の日程で視察を実施した。学生たちは、事前に沼田町の歴史や農業の概要を調査し、視察に臨んだ。豪雪地帯であるハンデを逆手に取った雪中米（世界で初めて雪を冷房に利用して貯蔵した米）の施設の視察をはじめ、トマトの収穫体験や農業関係者との意見交換などを行った。農家のみなさんから、かつて危機感をバネに町全体で議論を進め、農業法人化や雪中米のブランド化により、米の単位当たり収量北海道一を達成するなどの努力を重ねてきた経緯をヒアリングした。

続いて、学生がファシリテーターとなり、町が熱心に取り組んでいる「移住・定住」をテーマに、役場職員をまじえてのワークショップを行った。町の知名度を上げるため、あんどん祭り関連グッズをふるさと納税に加えるアイデアや、移住者への相談窓口、情報発信の場として、町の飲食店を活用する方法などを、金平嘉則町長ほか役場のみなさんに提案した。

ワークショップ「十年後の沼田町の農業」

翌2017年には、院生11名とともに2泊3日の日程で視察した。雪中米の施設や、夏でも雪を貯蔵している雪山センター、トマト加工工場見学をはじめ、トマトやカボチャの収穫などの農業体験、農家や農業関係者への聞き取り調査、ワークショップなどを行った。

前年の経験も踏まえ、事前に、視察内容やワークショップ設計のための議論を重ねた。そして、「十年後の沼田町の農業」をテーマとし、3チームに分かれて農業体験と聞き取り調査をし、その後、町のみなさんをまじえたワークショップをする形とした。

各チームのサブテーマは、「農業後継者問題」「トマトのブランド化」「雪中米のブランド化」。ワークショップでは、CVCA（顧客価値連鎖分析）や、ビジネスモデルキャンバス（ビジネス仮説を具現化する手法）など、SDMで学んだ方法を用いて議論を深め、活性化策を発表した。

「農業後継者問題」チームは、まずはより多くの人に農業に関心を持ってもらうため、農業体験と健康増進を結び付け、都市住民を沼田に呼び込む案を提案。ジムでのトレーニン

▲▼トマトの収穫体験

▲収穫したカボチャを出荷前にみがく作業

町の方と一緒にワークショップで検討中▼

グを農作業に取り入れ、健康増進に関心のある都市住民に、健やかな身体と農業への関心を育んでもらい、後継者育成につなげるというものである。

「トマトのブランド化」チームからは、トマトの安全安心を、健康志向の強い消費者に伝えるための方法が提案された。たとえば、沼田産トマトを加工した製品を「安全・安心」と親和性がある契約先（銀行・保険会社など）に購入してもらい、顧客へのプレゼントとして宣伝してもらおうという案である。

「雪中米のブランド化」チームからは、雪中米のおいしさをより広めるための継続的イベントなどの提案があった。「日本一お米をおいしく食べるまち沼田」として、町内のスーパーマーケットの一角で、農家と消費者が一緒に交流し、お米について学び、おいしいご飯を作り、食べるイベントである。

各チームとも、沼田町役場や農家のみなさんの協力により実現した、トマトの収穫やカボチャ磨き体験で感じたこと、また、農家での聞き取り調査からわかった現場ならではの情報を、具体的な提案に結びつけていった。

金平町長や町民のみなさんからは、「都市からの視点を地域づくりに生かしていきたい」「今後もアグリゼミと交流を深めていきたい」という意見が寄せられた。

▲▼ワークショップの後、グループからの発表

学生たちが味わった「農業を肌で感じる喜び」

沼田町の視察報告書作成のために学生たちが提出した感想の中から、抜粋して紹介する。

▼初めて農業体験をした修士1年の女子学生

沼田町視察を通して感銘を受けたことは2つ。1つ目は農家のエネルギッシュな姿、2つ目は雪を地域資源として有効活用している点だ。農家のエネルギッシュな姿があるからこそ私たちはおいしい食事を摂ることができるのだと強く感じた。農作業の体験を通して見た農家の姿を忘れてはならないと肝に銘じた。（中略）子供から大人まで、町民全員があんどん祭りの制作に関わることができる、本当に素晴らしい町だなと感じた。

▼台湾からの修士1年の女子留学生

事前準備として、（自分の想像をもとにして）お米の歴史、日本の現状、輸出の取り組み、日本米の海外知名度などを調べてみました。しかし、実際のヒアリングや関係者との触れ合いを通じて、調べてきたものと現実は違うことに気づきました。専門的な経験が足りないことが一つの理由で、また、現状に対する認識が正しくないことも理由の一つです。ですから今回、地元のことを聞き、実際お話をすることにより、より一層相手の立場がわかるようになりました。それはフィールドワークの素晴らしいところではないかと思いました。

▼初参加の修士2年の女子学生

北海道では農家、農協、役所が一枚岩で活動できている一方で、農協が販売、流通を行うので、農家の方は消費者に巡り会う機会が一度もないことなどがわかった。農家、消費者のそれぞれが実は各品種のお米をおいしく食べるための有益な情報を持っているということに注目し、農家と消費者が繋がることでより大きな価値が生まれるのではないか、よりよいお米作りの循環が起こるのではないか、という仮説に至った。

▼初参加の修士2年の女子学生

農薬の使用や、収穫・加工時の衛生管理など、かなり徹底されていることがわかり、沼田のトマト加工品に対するイメージが大きく変わった。インタビューのみならず収穫体験を通して、大規模生産の難しさや企業取引の危うさなどを実感し、巷でいわれている「食料の安定供給・効率的な販売」の考えの多くが、いかに農家のみなさんの努力を軽んじた意見であることかと痛切に感じた。ワークショップを通して沼田の多様な側面もより深く考えることで、地域の現状をよりくっきりと認識することができたのは大きな収穫だ。

▼2年連続で参加した修士2年の男子学生

今回はヒアリング調査や農業体験といったオブザベーション（観察）をしっかりできたので、昨年よりも沼田町に合ったアイディアをご提案できたのではないかと感じています。オブザベーションとアイディエーション（アイディアを出しあうこと）のつながりをしっかりと体感することができ、とても良い学びになりました。

▼2年連続で参加した修士2年の台湾からの女子留学生

去年は計画段階だった医療施設なども訪ねることができて、嬉しかった。沼田町の作業のスピート感、沼田町の住みやすさもよく感じた。今度、沼田町ワーキングホリデーや移住体験をしようと検討している。

▼2年連続で参加した修士2年の男子学生

今回はヒアリングや農業体験を中心に、農業の最前線に直接入り込むことができた。もちろん数時間の経験からわかることはほんのわずかである。しかし、ほんのわずかな経験が、自分の思考回路を更新するトリガー（引き金）になった。

学生たちは口々に、農業体験が想像以上に体力的にきつかったものの、現場ならではの発見や楽しさがあり感激したこと、そして、受け入れてくれた沼田町役場や農家のみなさんに対して、心からの感謝を述べている。

都会の学生たちが農業体験をすることは、農業を肌で感じる大きな学びの機会であり、また、農業・農村への理解につながる大切な一歩なのだと改めて感じることができた。農村視察を引率した私にとってもうれしい経験となった。

▲発表の後で沼田町役場や町のみなさんと

沼田小学校で金平嘉則町長と▼

林　美香子（はやし　みかこ）

札幌生まれ。 北海道大学農学部卒業後、札幌テレビ放送株式会社にアナウンサーとして入社。退社後、キャスターに。エフエム北海道「ミカコマガジン」出演の他、執筆活動も。「食」「農業」「地域づくり」などのフォーラムにパネリスト・コーディネーターとしても参加。「農村と都市の共生による地域再生」の研究で北海道大学大学院にて、博士（工学）を取得。現在は、慶應義塾大学大学院システムデザイン・マネジメント研究科特任教授。北海道大学大学院農学研究院客員教授。北洋銀行社外取締役。北海道田園委員会会長。NPO「モエレ沼公園の活用を考える会」理事。

著書に『農村へ出かけよう』（寿郎社）、『農業・農村で幸せになろうよ』（安曇出版）など多数。札幌在住。

装幀：中村瑠奈（株式会社プロコム北海道）
編集協力：農都共生研究会
　　　　　株式会社プロコム北海道

農村《のうそん》で楽《たの》しもう

2018年1月10日　初版発行

著　者　林　美香子

発行者　寺島　豊

発行所　株式会社　安曇出版
〒113-0033 東京都文京区本郷4-1-7 近江屋第二ビル402
TEL 03(5803)7900　FAX 03(5803)7901
http://www.azmp.co.jp　　振替　00150-1-764062

発　売　株式会社　メディアパル
〒162-0813 東京都新宿区東五軒町6-21
TEL 03(5261)1171　FAX 03(3235)4645

ISBN978-4-8021-3086-8　Printed in Japan
印刷／製本：日本ハイコム株式会社